图灵教育

站在巨人的肩上

Standing on the Shoulders of Giants

图灵教育

站在巨人的肩上

Standing on the Shoulders of Giants

TURING 图灵程序设计丛书

Python Tricks: A Buffet of Awesome Python Features

深入理解Python特性

[德] 达恩·巴德尔 著 孙波翔 译

人民邮电出版社
北京

图书在版编目（CIP）数据

深入理解Python特性 / （德）达恩·巴德尔（Dan Bader）著；孙波翔译. -- 北京：人民邮电出版社，2019.6（2020.12重印）
（图灵程序设计丛书）
ISBN 978-7-115-51154-6

Ⅰ. ①深… Ⅱ. ①达… ②孙… Ⅲ. ①软件工具－程序设计 Ⅳ. ①TP311.561

中国版本图书馆CIP数据核字(2019)第079486号

内容提要

本书致力于帮助 Python 开发人员挖掘这门语言及相关程序库的优秀特性，避免重复劳动，同时写出简洁、流畅、易读、易维护的代码。通过本书，你会明白用好 Python 需要了解的重要特性，从 Python 2 过渡到 Python 3 需要掌握的现代模式，以及有其他编程语言背景、想快速上手 Python 的程序员需要特别注意的问题，等等。

本书面向所有 Python 开发人员，以及所有对 Python 感兴趣的程序员。

◆ 著　[德] 达恩·巴德尔
译　孙波翔
责任编辑　杨　琳
责任印制　周昇亮

◆ 人民邮电出版社出版发行　北京市丰台区成寿寺路 11 号
邮编　100164　电子邮件　315@ptpress.com.cn
网址　http://www.ptpress.com.cn
固安县铭成印刷有限公司印刷

◆ 开本：800×1000　1/16
印张：11
字数：267千字　2019年 6 月第 1 版
印数：4 101－4 400 册　2020 年 12 月河北第 4 次印刷

著作权合同登记号　图字：01-2018-3263号

定价：49.00元

读者服务热线：(010)51095183转600　印装质量热线：(010)81055316

反盗版热线：(010)81055315

广告经营许可证：京东市监广登字20170147号

版权声明

Python 高手对本书的评论

“我非常非常喜爱本书，它就像一位经验丰富的导师从旁解释各种小技巧一样。我在工作中学会了 PowerShell，现在在学习 Python，并且了解了很多很棒的新东西。在学习的过程中，每当遇到困难（通常是在 Flask 蓝图上遇到问题或觉得代码可以更加具有 Python 特色），我都会在公司内部的 Python 聊天室发布问题。

“同事们给出的答案常常让我惊讶，其中经常含有字典解析式、lambda、生成器这些技巧。在掌握并正确实现这些技巧后，我总是惊叹 Python 的强大。

“之前，我是一名迷茫的 PowerShell 脚本用户；而现在，这本书让我能正确、合理地使用这些常用且具有 Python 特色的技巧。

“我没有计算机科学学位，因此很高兴能有人用文字解释那些只有科班出身的人才懂的知识。我非常喜欢这本书，并且订阅了电子邮件，而本书也是我通过电子邮件了解到的。”

——**Daniel Meyer**，特斯拉 DA

“第一次听说本书，是因为一位同事想用书中的字典示例来考我。我当时几乎可以确定最终结果是一个更小、更简单的字典，但必须承认，结果还是出乎我的意料。:)

“他通过视频向我展示了本书，并翻页让我浏览了一下，我当时就求知欲爆棚，想要阅读更多的内容。

“当天下午我就购买了本书，并读完了其中对 Python 字典创建方式的解释。当天晚些时候，和另一位同事一起喝咖啡时，我也考了他这个问题。:)

“他基于相同的原理提出了另一个问题，但得益于书中条理分明的解释，我不用再猜结果了，而是给出了正确答案。这说明本书在讲解方面做得很好。:)

“我并不是 Python 新手，也熟悉书中介绍的一些概念，但我不得不说本书的每一章都让我受益良多。作者编写了一本好书，并非常出色地解释了这些技巧背后的概念。我一定会向朋友和同事推荐本书！”

——**Og Maciel**，Red Hat 工程师

“我非常喜欢读达恩的这本书。他用清晰的示例解释了 Python 的重要方面（例如使用双胞胎猫解释 `is` 和`==`）。

“书中除了给出代码示例，还解释了相关的实现细节。更重要的是，本书可以让你编写出更好的 Python 代码！

“实际上，本书让我最近养成了一些新的 Python 好习惯，例如使用自定义异常和抽象基类（我在搜索‘抽象类’时发现了达恩的博客）。这些新知识本身就让本书物有所值。”

——**Bob Belderbos**，Oracle 工程师、PyBites 联合创始人

序

从我第一次接触 Python 这门编程语言到现在已经有将近 10 年了。多年前第一次学习 Python 时，我还有点不情愿。在此之前，我使用另一门语言编程，但在工作中突然被分配到了另一个团队，其中每个人都在使用 Python。我的 Python 之旅就从那里开始了。

第一次接触 Python 时，我被告知 Python 很容易，能快速上手。当我向同事询问学习 Python 的资源时，他们只会给我 Python 官方文档的链接。刚上手就阅读文档会让人一头雾水，我就这样挣扎了一段时间，之后才慢慢适应。遇到问题时，我通常需要在 Stack Overflow 上寻找答案。

由于之前使用过另一门编程语言，我没有寻找介绍如何编程或者什么是类和对象这样的入门资源，而是一直在寻找能够介绍 Python 专有特性的资料，并尝试了解用 Python 编程与使用其他语言有何区别。

我花了好几年才充分理解了这门语言。当我阅读达恩的这本书时就在想，要是在当初开始学习 Python 时能有这样一本书该有多好。

举例来说，在众多独特的 Python 特性中，首先让我感到惊讶的是列表解析式。正如达恩在书中提到的那样，从编写 `for` 循环的方式就能看出一个人是否刚从其他语言转到 Python。我记得在刚用 Python 编程时，最初得到的代码审查评论中有一条就是："为什么不在这里使用列表解析式？"达恩在第 6 章中清楚地解释了这个概念。他首先介绍了如何用具有 Python 特色的方式编写循环，之后介绍了迭代器和生成器。

在 2.5 节中，达恩介绍了几种在 Python 中格式化字符串的方法。字符串格式化无视了"Python 之禅"，即做一件事应该只有一种明确的方式。达恩介绍了几种不同的处理方式，其中包括我最喜欢的 Python 新增功能 f-string。除此之外，他还介绍了每种方法的优缺点。

第 8 章是本书的另一个亮点，其中介绍了 Python 编程语言之外的内容，包括如何调试程序和管理依赖关系，并且一窥了 Python 字节码的究竟。

我很荣幸也很乐意推荐我的朋友达恩 · 巴德尔编写的这本书。

通过以 CPython 核心开发人员的身份向 Python 做贡献，我与许多社区成员建立了联系。在我的 Python 之旅中，我遇到了不少导师、志同道合者，并结交了许多新朋友。这些经历提醒我，

Python 不仅仅是一门编程语言，更是一个社区。

掌握 Python 编程不仅要掌握该语言的理论方面，理解和采用社区使用的惯例和最佳实践同样重要。

达恩的书会帮助你完成这个旅程。我相信读完本书后，你在编写 Python 程序时会更有信心。

Mariatta Wijaya
Python 核心开发人员（mariatta.ca）

目　　录

第1章 简　介

1.1 什么是 Python 技巧

> Python 技巧：一小段可以作为教学工具的代码。一个 Python 技巧要么简要介绍了 Python 的一个知识点，要么作为一个启发性的示例，让你自行深入挖掘，从而在大脑中形成直观的理解。

最初，这些 Python 技巧来自于我某一周在 Twitter 上分享的一组代码截图。出乎意料的是，大家的反响非常强烈，一连好几天不停地分享和转发我的 Python 技巧。

随后，许多开发人员问我有没有“完整合集”。其实我只是整理了一部分涵盖不同 Python 主题的技巧，并没有什么大的计划。这仅仅是一个有趣的 Twitter 小实验。

但从这些询问中，我意识到之前发布的示例代码完全可以用作教学工具。因此，我整理出更多的 Python 技巧，并用电子邮件分享给读者。让我吃惊的是，几天之内就有数百位 Python 开发人员注册订阅。

在随后的几周里，Python 开发人员读者已经形成了稳定的客户流。他们感谢我让曾经困扰过他们的 Python 知识点变得通俗易懂。收到这些反馈让我感觉棒极了。我以为这些 Python 技巧只不过是一些代码截图，但是许多开发人员因此受益匪浅。

因此，我决定在这个 Python 技巧的实验上倾注更多努力，将其扩展为包括约 30 封邮件的一个系列。每一封邮件只有一个标题和一幅代码截图，但我很快意识到这种格式有缺陷。那时有个视力存在障碍的 Python 开发人员很失望地通过邮件告诉我，他的屏幕阅读器无法读出这些以图片形式发送的 Python 技巧。

显然，我需要在这个项目上多花一点时间来吸引更多的人，同时让更多的读者受益。因此，我用纯文本加上适当的 HTML 语法高亮，重新创建了所有介绍 Python 技巧的邮件。新版的 Python 技巧稳定发布了一阵子。我从收到的反馈得知开发人员很开心，因为他们终于能够复制和粘贴代码来自己尝试了。

随着越来越多的开发人员订阅“Python技巧”这个系列的电子邮件，我从收到的回复和问题中发现了一个问题：有些技巧本身就足以作为启发性的示例，但一些比较复杂的示例则缺少一个讲述者来引导读者，也没有介绍一些有助于进一步理解的资料。

这是另一个可以大幅改进的地方。当初我创建 dbader.org 的目标就是**帮助 Python 开发人员提升自己**，显然现在正好有一个机会让我更加接近这个目标。

因此，我决定提取出之前电子邮件中最有价值的那些Python技巧，在此基础上编写一本书：

- 以短小且易于理解的示例介绍Python最酷的方面；
- 以“自助餐”的形式介绍一些优秀的Python特性，激励读者提升自己的能力；
- 手把手地引导读者更加深入地理解Python。

我写本书完全是出于对 Python 的热爱，同时它也是一个巨大的实验。希望你能够喜欢，并在阅读过程中学到相关的Python知识。

1.2 本书作用

本书的目标是让你成为更加高效的 Python 开发人员，且知识和实践能力都获得提升。你可能会奇怪：**阅读本书为什么会获得这种能力上的提升？**

本书并不是循序渐进的Python教程，也不是入门级的Python课程。如果你在Python方面刚起步，靠本书并不会成为资深 Python 开发人员。虽然在这种情况下阅读本书依然有帮助，但你还是要靠其他材料来掌握Python的基本技能。

如果你对 Python 已经有了一定的了解，那么就能充分利用本书，并借此进入下一个阶段。如果你已经使用了一阵子 Python 并准备好更进一步，或是想对已掌握的知识进行归纳总结，或是想让代码更具Python特色，那么本书同样非常有用。

如果你已经掌握了其他编程语言并想快速掌握Python，本书同样大有帮助。从本书中，你会发现许多实践技巧和设计模式，能让你成为更高效、更专业的Python程序员。

1.3 如何阅读本书

阅读本书最好的方法是将其看作含有各种强大Python特性的“自助餐”。书中的每个Python技巧都是独立的，所以你完全可以从一个技巧跳到另一个感兴趣的技巧。实际上，我也鼓励你这么做。

当然，你也可以按顺序通读本书，这样就不会错过书中的任何一个Python技巧。

有些技巧很简单、容易理解，读一遍就能应用到日常工作中。不过有些技巧需要花点时间钻研。

如果你在将某个技巧集成到自己的程序中时遇到了困难，可以先在 Python 解释器的会话中尝试。

如果这样还不行，欢迎随时与我联系。这样我不仅能帮到你，而且能改进本书的讲解方式，长远来看还能帮到所有阅读本书的 Python 爱好者。

第 2 章

Python 整洁之道

2

2.1 用断言加一层保险

有时，真正有用的语言特性得到的关注反而不多，比如 Python 内置的 `assert` 语句就没有受到重视。

本节将介绍如何在 Python 中使用断言。你将学习用断言来自动检测 Python 程序中的错误，让程序更可靠且更易于调试。

读到这里，你可能想知道什么是断言，以及它到底有什么好处。下面就来一一揭晓答案。

从根本上来说，Python 的断言语句是一种调试工具，用来测试某个断言条件。如果断言条件为真，则程序将继续正常执行；但如果条件为假，则会引发 `AssertionError` 异常并显示相关的错误消息。

2.1.1 示例：Python 中的断言

下面举一个断言能派上用场的简单例子。本书中的例子会尝试结合你可能在实际工作中遇到的问题。

假设你需要用 Python 构建在线商店。为了添加打折优惠券的功能，你编写了下面这个 `apply_discount` 函数：

```
def apply_discount(product, discount):
    price = int(product['price'] * (1.0 - discount))
    assert 0 <= price <= product['price']
    return price
```

注意到 `assert` 语句了吗？这条语句确保在任何情况下，通过该函数计算的折后价不低于 0，也不会高于产品原价。

来看看调用该函数能否正确计算折后价。在这个例子中，商店中的产品用普通的字典表示。

这样能够很好地演示断言的使用方法，当然实际的应用程序可能不会这么做。下面先创建一个示例产品，即一双价格为 149 美元的漂亮鞋子：

```
>>> shoes = {'name': 'Fancy Shoes', 'price': 14900}
```

顺便说一下，这里使用整数来表示以分为单位的价格，以此来避免货币的舍入问题。一般而言，这是个好办法……好吧，有点扯远了。现在如果为这双鞋打七五折，即优惠了 25%，则售价变为 111.75 美元：

```
>>> apply_discount(shoes, 0.25)
11175
```

嗯，还不错。接着再尝试使用一些无效的折扣，比如 200%的“折扣”会让商家向顾客付钱：

```
>>> apply_discount(shoes, 2.0)
Traceback (most recent call last):
  File "<input>", line 1, in <module>
    apply_discount(prod, 2.0)
  File "<input>", line 4, in apply_discount
     assert 0 <= price <= product['price']
AssertionError
```

从上面可以看到，当尝试使用无效的折扣时，程序会停止并触发一个 `AssertionError`。发生这种情况是因为 200%的折扣违反了在 `apply_discount` 函数中设置的断言条件。

从异常栈跟踪信息中还能得知断言验证失败的具体位置。如果你（或者团队中的另一个开发人员）在测试在线商店时遇到这些错误，那么查看异常回溯就可以轻松地了解是哪里出了问题。

这极大地加快了调试工作的速度，并且长远看来，程序也更易于维护。朋友们，这就是断言的力量。

2.1.2 为什么不用普通的异常来处理

你可能很奇怪为什么不在前面的示例中使用 `if` 语句和异常。

要知道，断言是为了告诉开发人员程序中发生了**不可恢复**的错误。对于可以预料的错误（如未找到相关文件），用户可以予以纠正或重试，断言并不是为此而生的。

断言用于程序**内部自检**，如声明一些代码中**不可能**出现的条件。如果触发了某个条件，即意味着程序中存在相应的 bug。

如果程序没有 bug，那么这些断言条件永远不会触发。但如果违反了断言条件，程序就会崩溃并报告断言错误，告诉开发人员究竟违反了哪个“不可能”的情况。这样可以更轻松地追踪和修复程序中的 bug。我喜欢能让生活变轻松的东西，你也是吧？

现在请记住，Python 的断言语句是一种调试辅助功能，不是用来处理运行时错误的机制。使用断言的目的是让开发人员更快速地找到可能导致 bug 的根本原因。除非程序中存在 bug，否则绝不应抛出断言错误。

下面先详细了解一下断言的语法，接着介绍在实际工作中使用断言时常见的两个陷阱。

2.1.3 Python 的断言语法

在开始使用 Python 的某项特性之前，最好先研究它是如何实现的。根据 Python 文档，assert 语句的语法如下所示：[①]

```
assert_stmt ::= "assert" expression1 ["," expression2]
```

其中 expression1 是需要测试的条件，可选的 expression2 是错误消息，如果断言失败则显示该消息。在执行时，Python 解释器将每条断言语句大致转换为以下这些语句：

```
if __debug__:
    if not expression1:
        raise AssertionError(expression2)
```

这段代码有两个有趣之处。

第一，代码在检查断言条件之前，还会检查__debug__全局变量。这是一个内置的布尔标记，在一般情况下为真，若进行代码优化则为假。下一节将进一步讨论。

第二，还可以使用 expression2 传递一个可选的错误消息，该消息将与回溯中的 AssertionError 一起显示，用来进一步简化调试。例如，我见过这样的代码：

```
>>> if cond == 'x':
...     do_x()
... elif cond == 'y':
...     do_y()
... else:
...     assert False, (
...         'This should never happen, but it does '
...         'occasionally. We are currently trying to '
...         'figure out why. Email dbader if you '
...         'encounter this in the wild. Thanks!')
```

虽然这段代码很丑，但如果在应用程序中遇到海森堡 bug[②]，那么这绝对是一种有效且有用的技术。

2.1.4 常见陷阱

在 Python 中使用断言时，需要注意两点：第一，断言会给应用程序带来安全风险和 bug；第

① 详见 Python 文档："The Assert Statement"。

② 指在尝试研究时似乎会消失或者改变行为的 bug，参见维基百科"海森堡 bug"词条。

二，容易形成语法怪癖，开发人员会很容易编写出许多**无用**的断言。

这些问题看上去（而且可能确实）相当严重，所以你应该至少对以下两个注意事项有所了解。

1. 注意事项 1：不要使用断言验证数据

在 Python 中使用断言时要注意的一个重点是，若在命令行中使用`-O`和`-OO`标识，或修改 CPython 中的`PYTHONOPTIMIZE`环境变量，都会全局禁用断言。[①]

此时所有断言语句都无效，程序会直接略过而不处理断言，因此不会执行任何条件表达式。

许多其他的编程语言也有类似的设计决策。因此使用断言语句来快速验证输入数据非常危险。

进一步解释一下，如果程序使用断言来检查一个函数参数是否包含“错误”或意想不到的值，那么很快就会发现事与愿违并会导致错误或安全漏洞。

下面用一个简单的例子说明这个问题。与前面一样，假设你正在用 Python 构建一个在线商店应用程序，代码中有一个函数会根据用户的请求来删除产品。

由于刚刚学习了断言，因此你可能会急于在代码中使用（反正我会这么做）。于是，你写下这样的实现：

```
def delete_product(prod_id, user):
    assert user.is_admin(), 'Must be admin'
    assert store.has_product(prod_id), 'Unknown product'
    store.get_product(prod_id).delete()
```

仔细看这个`delete_product`函数，如果禁用断言会发生什么？

这个仅有三行代码的函数示例存在两个严重的问题，都是由不正确地使用断言语句引起的。

(1) **使用断言语句检查管理员权限很危险**。如果在 Python 解释器中禁用断言，这行代码则会变为空操作，不会执行权限检查，之后**任何用户都可以删除产品**。这可能会引发安全问题，攻击者可能会借此摧毁或严重破坏在线商店中的数据。这太糟糕了！

(2) **禁用断言后会跳过`has_product()`检查**。这意味着可以使用无效的产品 ID 调用`get_product()`，这可能会导致更严重的 bug，具体情况取决于程序的编写方式。在最糟的情况下，有人可能借此对商店发起拒绝服务（denial of service，DoS）攻击。例如，如果尝试删除未知产品会导致商店应用程序崩溃，那么攻击者就可以发送大量无效的删除请求让程序无法工作。

那么如何避免这些问题呢？答案是**绝对不要**使用断言来验证数据，而是使用常规的`if`语句验证，并在必要时触发验证异常，如下所示：

---

① 详见 Python 文档：“Constants (`__debug__`)”。

```
def delete_product(product_id, user):
    if not user.is_admin():
        raise AuthError('Must be admin to delete')
    if not store.has_product(product_id):
        raise ValueError('Unknown product id')
    store.get_product(product_id).delete()
```

修改后的示例还有一个好处，即代码不会触发通用的 AssertionError 异常，而是触发与语义相关的异常，如 ValueError 或 AuthError（后者需要自行定义）。

2. 注意事项 2：永不失败的断言

开发人员很容易就会添加许多总是为真的 Python 断言，我过去一直犯这样的错误。长话短说，来看看问题所在。

在将一个元组作为 assert 语句中的第一个参数传递时，断言条件总为真，因此永远不会失败。

例如，这个断言永远不会失败：

```
assert(1 == 2, 'This should fail')
```

这是因为在 Python 中非空元组总为真值。如果将元组传递给 assert 语句，则会导致断言条件始终为真，因此上述 assert 语句**毫无用处**，永远不会触发异常。

这种不直观的行为很容易导致开发人员写出糟糕的多行断言。比如我曾经欢快地为一个测试套件写了一堆无用的测试用例，带来了并不真实的安全感。假设在单元测试中有这样的断言：

```
assert (
    counter == 10,
    'It should have counted all the items'
)
```

第一次检查时，这个测试用例看起来非常好。但它实际上永远不会得到错误的结果：无论计数器变量的状态如何，断言总是计算为 True。为什么会这样？因为其中只是声明了一个布尔值总是为真的元组对象。

就像之前说的那样，这样很容易就会搬起石头砸自己的脚（我的脚仍然很痛）。有一个很好的对策能防止这种语法巧合导致的麻烦，那就是使用代码 linter[①]。新版本的 Python 3 也会对这些可疑断言给出语法警告。

顺便说一下，这也是为什么应该总是对单元测试用例先做一个快速的冒烟测试。要确保在编写下一个测试之前，当前测试用例的确会失败。

① 我写了一篇关于在 Python 测试中避免冒牌断言的文章，参见 dbader.org/blog/catching-bogus-python-asserts。

2.1.5 Python 断言总结

尽管有这些需要注意的事项，但 Python 的断言依然是功能强大的调试工具，且常常得不到充分的利用。

了解断言的工作方式及使用场景有助于编写更易维护和调试的 Python 程序。

学习断言有助于将你的 Python 知识提升到新的水平，让你成为一个全方位的 Python 高手。我确信这一点，因为断言让我在调试过程中节省了大量时间。

2.1.6 关键要点

- Python 断言语句是一种测试某个条件的调试辅助功能，可作为程序的内部自检。
- 断言应该只用于帮助开发人员识别 bug，它不是用于处理运行时错误的机制。
- 设置解释器可全局禁用断言。

2.2 巧妙地放置逗号

如果需要在 Python 中的列表、字典或集合常量中添加或移除项，记住一个窍门：在所有行后面都添加一个逗号。

还不太明白？来看一个示例。假设在代码中有下面这个由名字组成的列表：

```
>>> names = ['Alice', 'Bob', 'Dilbert']
```

在修改这个名字列表时，通过 git diff 查看改动可能有点不方便。大多数源码控制系统都是基于行的，因此无法标出同一行中的多个改动。

一个快速改进是根据编码规范，将列表、字典或集合常量分割成多行，如下所示：

```
>>> names = [
...     'Alice',
...     'Bob',
...     'Dilbert'
... ]
```

这样每项独占一行，因此可以清楚地从源码控制系统的 diff 中看出哪里进行了添加、删除和修改操作。虽然只是一个小改动，但我发现这有助于避免很多愚蠢的错误，也让团队成员能够更方便地审阅我的代码改动。

但现在依然有两个编辑情形会导致混乱，即在列表末尾添加或移除内容时，还需要手动调整逗号来保持格式的一致性。

比如需要向列表中添加一个名字 `Jane`，则需要在 `Dilbert` 这一行的末尾添加一个逗号来避免一个讨厌的错误：

```
>>> names = [
...     'Alice',
...     'Bob',
...     'Dilbert' # <- 缺失逗号!
...     'Jane'
]
```

在查看这个列表的内容时，请做好心理准备：

```
>>> names
['Alice', 'Bob', 'DilbertJane']
```

可以看到，Python 将字符串 `Dilbert` 和 `Jane` **合并**成了 `DilbertJane`。这称为**字符串字面值拼接**，是文档中有记录的刻意行为。这种行为可能会在程序中引入令人难以琢磨的 bug：

> “以空白符分隔多个相连的字符串或 byte 字面值，即使它们各自使用不同的引号，也会执行拼接操作。”①

在某些情况下，字符串字面值拼接是一个有用的特性。例如，在跨越多行的长字符串中可以省去反斜杠：

```
my_str = ('This is a super long string constant '
          'spread out across multiple lines. '
          'And look, no backslash characters needed!')
```

但另一方面，这个特性有时又会成为负担。那么如何解决这个问题呢？

在 `Dilbert` 后添加缺失的逗号就能避免两个字符串合并了：

```
>>> names = [
...     'Alice',
...     'Bob',
...     'Dilbert',
...     'Jane'
]
```

现在回到原来的问题。为了向列表添加一个新名字，需要修改两行代码。这同样让开发人员很难从 git diff 看出到底做了什么改动：到底是添加了一个新名字，还是修改了 Dilbert 这个名字？

幸运的是 Python 语法留有余地，让我们可以一劳永逸地解决这个逗号放置问题。只要遵循一种能够避免这个问题的编码风格即可，下面来看具体方法。

在 Python 中，可以在列表、字典和集合常量中的每一项后面都放置一个逗号，包括最后一项。因此只要记住在每一行末尾都加上一个逗号，就可以避免逗号放置问题。

---

① 详见 Python 文档：“String literal concatenation”。

下面是示例的最终版：

```
>>> names = [
...     'Alice',
...     'Bob',
...     'Dilbert',
... ]
```


看到 `Dilbert` 后面的那个逗号了吗？现在能方便地添加或移除新的项，无须再修改逗号了。这不仅让各行代码保持一致，而且源码控制系统生成的 diff 清晰整洁，让代码审阅者心情愉悦。看到没，有时魔法就藏在这些细微之处。

关键要点

- 合理的格式化及逗号放置能让列表、字典和集合常量更容易维护。
- Python 的字符串字面值拼接特性既可能带来帮助，也可能引入难以发现的 bug。

2.3 上下文管理器和 with 语句

有人认为 Python 的 `with` 语句是一个晦涩的特性，但只要你了解了其背后的原理，就不会感到神秘了。`with` 语句实际上是非常有用的特性，有助于编写更清晰易读的 Python 代码。

`with` 语句究竟有哪些好处？它有助于简化一些通用资源管理模式，抽象出其中的功能，将其分解并重用。

若想充分地使用这个特性，比较好的办法是查看 Python 标准库中的示例。内置的 `open()` 函数就是一个很好的用例：

```
with open('hello.txt', 'w') as f:
    f.write('hello, world!')
```

打开文件时一般建议使用 `with` 语句，因为这样能确保打开的文件描述符在程序执行离开 `with` 语句的上下文后自动关闭。本质上来说，上面的代码示例可转换成下面这样：

```
f = open('hello.txt', 'w')
try:
    f.write('hello, world')
finally:
    f.close()
```

很明显，这段代码比 `with` 语句冗长。注意，当中的 `try...finally` 语句也很重要，只关注其中的逻辑代码还不够：

```
f = open('hello.txt', 'w')
f.write('hello, world')
f.close()
```

如果在调用 f.write()时发生异常，这段代码不能保证文件最后被关闭，因此程序可能会泄露文件描述符。此时 with 语句就派上用场了，它能够简化资源的获取和释放。

threading.Lock 类是 Python 标准库中另一个比较好的示例，它有效地使用了 with 语句：

```
some_lock = threading.Lock()

# 有问题：
some_lock.acquire()
try:
    # 执行某些操作……
finally:
    some_lock.release()

# 改进版：
with some_lock:
    # 执行某些操作……
```

在这两个例子中，使用 with 语句都可以抽象出大部分资源处理逻辑。不必每次都显式地写一个 try...finally 语句，with 语句会自行处理。

with 语句不仅让处理系统资源的代码更易读，而且由于绝对不会忘记清理或释放资源，因此还可以避免 bug 或资源泄漏。

2.3.1　在自定义对象中支持 with

无论是 open()函数和 threading.Lock 类本身，还是它们与 with 语句一起使用，这些都没有什么特殊之处。只要实现所谓的**上下文管理器**（context manager）[①]，就可以在自定义的类和函数中获得相同的功能。

上下文管理器是什么？这是一个简单的“协议”（或接口），自定义对象需要遵循这个接口来支持 with 语句。总的来说，如果想将一个对象作为上下文管理器，需要做的就是向其中添加 __enter__和__exit__方法。Python 将在资源管理周期的适当时间调用这两种方法。

来看看实际代码，下面是 open()上下文管理器的一个简单实现：

```
class ManagedFile:
    def __init__(self, name):
        self.name = name

    def __enter__(self):
        self.file = open(self.name, 'w')
        return self.file

    def __exit__(self, exc_type, exc_val, exc_tb):
        if self.file:
            self.file.close()
```

① 详见 Python 文档：“With Statement Context Managers”。

其中的 ManagedFile 类遵循上下文管理器协议，所以与原来的 open()例子一样，也支持 with 语句：

```
>>> with ManagedFile('hello.txt') as f:
...     f.write('hello, world!')
...     f.write('bye now')
```

当执行流程**进入** with 语句上下文时，Python 会调用__enter__获取资源；**离开** with 上下文时，Python 会调用__exit__释放资源。

在 Python 中，除了编写基于类的上下文管理器来支持 with 语句以外，标准库中的 contextlib[①]模块在上下文管理器基本协议的基础上提供了更多抽象。如果你遇到的情形正好能用到 contextlib 提供的功能，那么可以节省很多精力。

例如，使用 contextlib.contextmanager 装饰器能够为资源定义一个基于生成器的**工厂函数**，该函数将自动支持 with 语句。下面的示例用这种技术重写了之前的 ManagedFile 上下文管理器：

```
from contextlib import contextmanager

@contextmanager
def managed_file(name):
    try:
        f = open(name, 'w')
        yield f
    finally:
        f.close()

>>> with managed_file('hello.txt') as f:
...     f.write('hello, world!')
...     f.write('bye now')
```

这个 managed_file()是生成器，开始先获取资源，之后暂停执行并**产生**资源以供调用者使用。当调用者离开 with 上下文时，生成器继续执行剩余的清理步骤，并将资源释放回系统。

基于类的实现和基于生成器的实现基本上是等价的，选择哪一种取决于你的编码偏好。

基于@contextmanager 的实现有一个缺点，即这种方式需要对装饰器和生成器等 Python 高级概念有所了解。如果你想学习这些知识，可阅读本书中的相关章节。

再次提醒，选择哪种实现取决于你自己和团队中其他人的编码偏好。

2.3.2　用上下文管理器编写漂亮的 API

上下文管理器非常灵活，巧妙地使用 with 语句能够为模块和类定义方便的 API。

① 详见 Python 文档：“contextlib”。

例如，如果想要管理的“资源”是某种报告生成程序中的文本缩进层次，可以编写下面这样的代码：

```
with Indenter() as indent:
    indent.print('hi!')
    with indent:
        indent.print('hello')
        with indent:
            indent.print('bonjour')
    indent.print('hey')
```

这些语句读起来有点像用于缩进文本的领域特定语言（DSL）。注意这段代码多次进入并离开相同的文本管理器，以此来更改缩进级别。运行这段代码会在命令行中整齐地显示出下面的内容：

```
hi!
    hello
        bonjour
hey
```

那么如何实现一个上下文管理器来支持这种功能呢？

顺便说一句，这是一个不错的练习，从中可以准确理解上下文管理器的工作方式。因此在查看下面的实现之前，最好先花一些时间尝试自行实现。

如果你已经准备好查看我的实现，那么下面就是使用基于类的上下文管理器来实现的方法：

```
class Indenter:
    def __init__(self):
        self.level = 0

    def __enter__(self):
        self.level += 1
        return self

    def __exit__(self, exc_type, exc_val, exc_tb):
        self.level -= 1

    def print(self, text):
        print('    ' * self.level + text)
```

还不错，是吧？希望你现在能熟练地在自己的 Python 程序中使用上下文管理器和 `with` 语句了。这两个功能很不错，可以用来以更加有 Python 特色和可维护的方式处理资源管理问题。

如果你还想再找一个练习来加深理解，可以尝试实现一个使用 `time.time` 函数来测量代码块执行时间的上下文管理器。一定要试着分别编写基于装饰器和基于类的变体，以此来彻底弄清楚两者的区别。

2.3.3 关键要点

- with 语句通过在所谓的上下文管理器中封装 try...finally 语句的标准用法来简化异常处理。
- with 语句一般用来管理系统资源的安全获取和释放。资源首先由 with 语句获取，并在执行离开 with 上下文时自动释放。
- 有效地使用 with 有助于避免资源泄漏的问题，让代码更加易于阅读。

2.4 下划线、双下划线及其他

单下划线和双下划线在 Python 变量名和方法名中都有各自的含义。有些仅仅是作为约定，用于提示开发人员；而另一些则对 Python 解释器有特殊含义。

你可能有些疑惑："Python 中变量名和方法名中的单下划线、双下划线到底有什么含义？"我将竭尽全力为你解释清楚。本节将讨论以下五种下划线模式和命名约定，以及它们各自如何影响 Python 程序的行为。

- 前置单下划线：_var
- 后置单下划线：var_
- 前置双下划线：__var
- 前后双下划线：__var__
- 单下划线：_

2.4.1 前置单下划线：_var

当涉及变量名和方法名时，前置单下划线只有约定含义。它对于程序员而言是一种提示——Python 社区约定好单下划线表达的是某种意思，其本身并不会影响程序的行为。

前置下划线的意思是**提示其他程序员，以单下划线开头的变量或方法只在内部使用**。PEP 8 中定义了这个约定（PEP 8 是最常用的 Python 代码风格指南[①]）。

不过，这个约定对 Python 解释器并没有特殊含义。与 Java 不同，Python 在"私有"和"公共"变量之间并没有很强的区别。在变量名之前添加一个下划线更像是有人挂出了一个小小的下划线警告标志："**注意，这并不是这个类的公共接口。最好不要使用它。**"

来看下面的例子：

```
class Test:
    def __init__(self):
```

① 详见 PEP 8："Style Guide for Python Code"。

```
        self.foo = 11
        self._bar = 23
```

如果实例化这个类并尝试访问在__init__构造函数中定义的 foo 和_bar 属性，会发生什么情况？

我们来看看：

```
>>> t = Test()
>>> t.foo
11
>>> t._bar
23
```

可以看到，_bar 前面的单下划线并没有阻止我们"进入"这个类访问变量的值。

这是因为 Python 中的前置单下划线只是一个公认的约定，至少在涉及变量名和方法名时是这样的。但是前置下划线会影响从模块中导入名称的方式。假设在一个名为 my_module 的模块中有以下代码：

```
# my_module.py:

def external_func():
    return 23
def _internal_func():
    return 42
```

现在，如果使用**通配符导入**从这个模块中导入所有名称，Python 不会导入带有前置单下划线的名称（除非模块中定义了__all__列表覆盖了这个行为[①]）：

```
>>> from my_module import *
>>> external_func()
23
>>> _internal_func()
NameError: "name '_internal_func' is not defined"
```

顺便说一下，应避免使用通配符导入，因为这样就不清楚当前名称空间中存在哪些名称了。[②] 为了清楚起见，最好坚持使用常规导入方法。与通配符导入不同，常规导入不受前置单下划线命名约定的影响：

```
>>> import my_module
>>> my_module.external_func()
23
>>> my_module._internal_func()
42
```

---

① 详见 Python 文档："Importing * From a Package"。

② 详见 PEP 8："Imports"。

这里可能有点混乱。但如果你遵循 PEP 8 的建议不使用通配符导入，那么真正需要记住的只有下面这一条。

以单下划线开头的名称只是 Python 命名中的约定，表示供内部使用。它通常对 Python 解释器没有特殊含义，仅仅作为对程序员的提示。

2.4.2 后置单下划线：var_

有时，某个变量最合适的名称已被 Python 语言中的关键字占用。因此，诸如 `class` 或 `def` 的名称不能用作 Python 中的变量名。在这种情况下，可以追加一个下划线来绕过命名冲突：

```
>>> def make_object(name, class):
SyntaxError: "invalid syntax"

>>> def make_object(name, class_):
...     pass
```

总之，用一个后置单下划线来避免与 Python 关键字的命名冲突是一个约定。PEP 8 定义并解释了这个约定。

2.4.3 前置双下划线：__var

迄今为止，我们介绍的命名模式只有约定的意义，但使用以双下划线开头的 Python 类属性（变量和方法）就不一样了。

双下划线前缀会让 Python 解释器重写属性名称，以避免子类中的命名冲突。

这也称为**名称改写**（name mangling），即解释器会更改变量的名称，以便在稍后扩展这个类时避免命名冲突。

听起来很抽象，下面用代码示例来实验一下：

```
class Test:
    def __init__(self):
        self.foo = 11
        self._bar = 23
        self.__baz = 42
```

接着用内置的 `dir()` 函数来看看这个对象的属性：

```
>>> t = Test()
>>> dir(t)
['_Test__baz', '__class__', '__delattr__', '__dict__',
 '__dir__', '__doc__', '__eq__', '__format__', '__ge__',
 '__getattribute__', '__gt__', '__hash__', '__init__',
 '__le__', '__lt__', '__module__', '__ne__', '__new__',
 '__reduce__', '__reduce_ex__', '__repr__',
```

```
 '__setattr__', '__sizeof__', '__str__',
 '__subclasshook__', '__weakref__', '_bar', 'foo']
```

该函数返回了一个包含对象属性的列表。在这个列表中尝试寻找之前的变量名称 foo、_bar 和__baz，你会发现一些有趣的变化。

首先，self.foo 变量没有改动，在属性列表中显示为 foo。

接着，self._bar 也一样，在类中显示为_bar。前面说了，在这种情况下前置下划线仅仅是一个**约定**，是对程序员的一个提示。

然而 self.__baz 就不一样了。在该列表中找不到__baz 这个变量。

__baz 到底发生了什么？

仔细观察就会看到，这个对象上有一个名为_Test__baz 的属性。这是 Python 解释器应用**名称改写**之后的名称，是为了防止子类覆盖这些变量。

接着创建另一个类来扩展 Test 类，并尝试覆盖之前构造函数中添加的属性：

```
class ExtendedTest(Test):
    def __init__(self):
        super().__init__()
        self.foo = 'overridden'
        self._bar = 'overridden'
        self.__baz = 'overridden'
```

现在你认为这个 ExtendedTest 类实例上的 foo、_bar 和__baz 值会是什么？来一起看看：

```
>>> t2 = ExtendedTest()
>>> t2.foo
'overridden'
>>> t2._bar
'overridden'
>>> t2.__baz
AttributeError:
"'ExtendedTest' object has no attribute '__baz'"
```

等一下，当试图访问 t2.__baz 的值时，为什么会得到 AttributeError？因为 Python 又进行了名称改写！实际上，这个对象甚至没有__baz 属性：

```
>>> dir(t2)
['_ExtendedTest__baz', '_Test__baz', '__class__',
 '__delattr__', '__dict__', '__dir__', '__doc__',
 '__eq__', '__format__', '__ge__', '__getattribute__',
 '__gt__', '__hash__', '__init__', '__le__', '__lt__',
 '__module__', '__ne__', '__new__', '__reduce__',
 '__reduce_ex__', '__repr__', '__setattr__',
 '__sizeof__', '__str__', '__subclasshook__',
 '__weakref__', '_bar', 'foo', 'get_vars']
```

可以看到，为了防止意外改动，__baz 变成了_ExtendedTest__baz，但原来的_Test__baz 还在：

```
>>> t2._ExtendedTest__baz
'overridden'
>>> t2._Test__baz
42
```


程序员无法感知双下划线名称改写，下面的例子可以证实这一点：

```
class ManglingTest:
    def __init__(self):
        self.__mangled = 'hello'

    def get_mangled(self):
        return self.__mangled

>>> ManglingTest().get_mangled()
'hello'
>>> ManglingTest().__mangled
AttributeError:
"'ManglingTest' object has no attribute '__mangled'"
```

名称改写也适用于方法名，会影响在类环境中**所有**以双下划线（dunder）开头的名称：

```
class MangledMethod:
    def __method(self):
        return 42

    def call_it(self):
        return self.__method()

>>> MangledMethod().__method()
AttributeError:
"'MangledMethod' object has no attribute '__method'"
>>> MangledMethod().call_it()
42
```

下面这个名称改写的示例可能会令人惊讶：

```
_MangledGlobal__mangled = 23

class MangledGlobal:
    def test(self):
        return __mangled

>>> MangledGlobal().test()
23
```

这个例子先声明_MangledGlobal__mangled 为全局变量，然后在名为 MangledGlobal 的类环境中访问变量。由于名称改写，类中的 test()方法仅用__mangled 就能引用_MangledGlobal__mangled 全局变量。

__mangled 以双下划线开头，因此 Python 解释器自动将名称扩展为_MangledGlobal__mangled。这表明名称改写不专门与类属性绑定，而是能够应用于类环境中所有以双下划线开头的名称。

这里需要掌握的内容确实有点多。

说实话，我也没有把这些例子和解释记在大脑中，所以当初撰写这些例子的时候花了一些时间研究和编辑。虽然我有多年的 Python 使用经验，但大脑中并没有一直记着这样的规则和特殊情形。

有时，程序员最重要的技能是“模式识别”，以及知道查找哪些内容。如果你目前还有点不知所措，不要担心，慢慢来，继续尝试本章中的例子。

深入掌握这些概念之后，你就能识别出名称改写和刚刚介绍的其他行为给程序带来的影响。如果有一天在实际工作中遇到相关问题，你应该知道在文档中搜索哪些信息。

补充内容：什么是 dunder

如果你听过一些有经验的 Python 高手谈论 Python 或者看过几次 Python 会议演讲，可能听说过 dunder 这个词。如果你还不知道这是什么意思，答案马上揭晓。

在 Python 社区中通常称双下划线为 dunder。因为 Python 代码中经常出现双下划线，所以为了简化发音，Python 高手通常会将“双下划线”（double underscore）简称为 dunder[①]。

例如，__baz 在英文中读作 dunderbaz。与之类似，__init__读作 dunderinit，虽然按道理说应该是 dunderinitdunder。

但这只是命名约定中的另一个癖好，就像是 Python 开发人员的暗号。

2.4.4　前后双下划线：__var__

这也许有点令人惊讶——如果名字**前后**都使用双下划线，则不会发生名称改写。前后由双下划线包围的变量不受 Python 解释器的影响：

```
class PrefixPostfixTest:
    def __init__(self):
        self.__bam__ = 42

>>> PrefixPostfixTest().__bam__
42
```

然而，同时具有前后双下划线的名称在 Python 中有特殊用途。像__init__这样的对象构造

① 后续内容中会将 dunder 翻译成“双下划线方法”。——译者注

函数，用来让对象可调用的__call__函数，都遵循这条规则。

这些**双下划线方法**通常被称为**魔法方法**，但 Python 社区中的许多人（包括我自己）不喜欢这个词。因为这个词像是暗示人们要退避三舍，但实际上完全不必如此。双下划线方法是 Python 的核心功能，应根据需要使用，其中并没有什么神奇或晦涩的内容。

但就命名约定而言，最好避免在自己的程序中使用以双下划线开头和结尾的名称，以避免与 Python 语言的未来变更发生冲突。

2.4.5 单下划线：_

按照约定，单下划线有时用作名称，来表示变量是临时的或无关紧要的。

例如下面的循环中并不需要访问运行的索引，那么可以使用_来表示它只是一个临时值：

```
>>> for _ in range(32):
...     print('Hello, World.')
```

在解包表达式中还可使用单下划线表示一个“不关心”的变量来忽略特定的值。同样，这个含义只是一个约定，不会触发 Python 解析器中的任何特殊行为。单下划线只是一个有效的变量名，偶尔用于该目的。

下面的代码示例中，我将元组解包为单独的变量，但其中只关注 color 和 mileage 字段的值。可是为了执行解包表达式就必须为元组中的所有值都分配变量，此时_用作占位符变量：

```
>>> car = ('red', 'auto', 12, 3812.4)
>>> color, _, _, mileage = car

>>> color
'red'
>>> mileage
3812.4
>>> _
12
```

除了用作临时变量之外，_在大多数 Python REPL 中是一个特殊变量，表示由解释器计算的上一个表达式的结果。

如果正在使用解释器会话，用下划线可以方便地获取先前计算的结果：

```
>>> 20 + 3
23
>>> _
23
>>> print(_)
23
```

如果正在实时构建对象，有单下划线的话不用事先指定名称就能与之交互：

```
>>> list()
[]
>>> _.append(1)
>>> _.append(2)
>>> _.append(3)
>>> _
[1, 2, 3]
```

2.4.6　关键要点

- **前置单下划线_var**：命名约定，用来表示该名称仅在内部使用。一般对 Python 解释器没有特殊含义（通配符导入除外），只能作为对程序员的提示。
- **后置单下划线 var_**：命名约定，用于避免与 Python 关键字发生命名冲突。
- **前置双下划线__var**：在类环境中使用时会触发名称改写，对 Python 解释器有特殊含义。
- **前后双下划线__var__**：表示由 Python 语言定义的特殊方法。在自定义的属性中要避免使用这种命名方式。
- **单下划线_**：有时用作临时或无意义变量的名称（“不关心”）。此外还能表示 Python REPL 会话中上一个表达式的结果。

2.5　字符串格式化中令人震惊的真相

“Python 之禅”告诫人们，应该只用一种明确的方式去做某件事。当你发现在 Python 中有四种字符串格式化的主要方法时，可能会颇感费解。

本节将介绍这四种字符串格式化方法的工作原理以及它们各自的优缺点。除此之外，还会介绍简单的“经验法则”，用来选择最合适的通用字符串格式化方法。

闲话不多说，后续还有很多内容需要讨论。下面用一个简单的示例来实验，假设有以下变量（或常量）可以使用：

```
>>> errno = 50159747054
>>> name = 'Bob'
```

基于这些变量，我们希望生成一个输出字符串并显示以下错误消息：

```
'Hey Bob, there is a 0xbadc0ffee error!'
```

这个错误可能会在周一早上破坏开发人员的好心情！不过我们的目的是讨论字符串格式化，所以直接开始吧。

2.5.1　第一种方法：“旧式”字符串格式化

Python 内置了一个独特的字符串操作：通过%操作符可以方便快捷地进行位置格式化。如果你在 C 中使用过 printf 风格的函数，就会立即明白其工作方式。这里有一个简单的例子：

```
>>> 'Hello, %s' % name
'Hello, Bob'
```

这里使用%s 格式说明符来告诉 Python 替换 name 值的位置。这种方式称为“旧式”字符串格式化。

在旧式字符串格式化中，还有其他用于控制输出字符串的格式说明符。例如，可以将数转换为十六进制符号，或者填充空格以生成特定格式的表格和报告。[1]

下面使用%x 格式说明符将 int 值转换为字符串并将其表示为十六进制数：

```
>>> '%x' % errno
'badc0ffee'
```

如果要在单个字符串中进行多次替换，需要对“旧式”字符串格式化语法稍作改动。由于%操作符只接受一个参数，因此需要将字符串包装到右边的元组中，如下所示：

```
>>> 'Hey %s, there is a 0x%x error!' % (name, errno)
'Hey Bob, there is a 0xbadc0ffee error!'
```

如果将别名传递给%操作符，还可以在格式字符串中按名称替换变量：

```
>>> 'Hey %(name)s, there is a 0x%(errno)x error!' % {
...     "name": name, "errno": errno } 'Hey
Bob, there is a 0xbadc0ffee error!'
```

这种方式能简化格式字符串的维护，将来也容易修改。不必确保字符串值的传递顺序与格式字符串中名称的引用顺序一致。当然，这种技巧的缺点是需要多打点字。

相信你一直在想，为什么将这种 printf 风格的格式化称为“旧式”字符串格式化。这是因为在技术上有“新式”的格式化方法取代了它，马上就会介绍。尽管“旧式”字符串格式化已经不再受重用，但并未被抛弃，Python 的最新版本依然支持。

2.5.2 第二种方法：“新式”字符串格式化

Python 3 引入了一种新的字符串格式化方式，后来又移植到了 Python 2.7 中。“新式”字符串格式化可以免去%操作符这种特殊语法，并使得字符串格式化的语法更加规整。新式格式化在字符串对象上调用 format() 函数。[2]

与“旧式”格式化一样，使用 format() 函数可以执行简单的位置格式化：

```
>>> 'Hello, {}'.format(name)
'Hello, Bob'
```

① 详见 Python 文档：“printf-style String Formatting”。

② 详见 Python 文档：“str.format()”。

你还可以用别名以任意顺序替换变量。这是一个非常强大的功能，不必修改传递给格式函数的参数就可以重新排列显示顺序：

```
>>> 'Hey {name}, there is a 0x{errno:x} error!'.format(
...     name=name, errno=errno)
'Hey Bob, there is a 0xbadc0ffee error!'
```

从上面可以看出，将 int 变量格式化为十六进制字符串的语法也改变了。现在需要在变量名后面添加:x 后缀来传递格式规范。

总体而言，这种字符串格式化语法更加强大，也没有额外增加复杂性。阅读 Python 文档[①]对字符串格式化语法的描述是值得的。

在 Python 3 中，这种“新式”字符串格式化比%风格的格式化更受欢迎。但从 Python 3.6 开始，出现了一种更好的方式来格式化字符串，下一节会详细介绍。

2.5.3　第三种方法：字符串字面值插值（Python 3.6+）

Python 3.6 增加了另一种格式化字符串的方法，称为**格式化字符串字面值**（formatted string literal）。采用这种方法，可以在字符串常量内使用嵌入的 Python 表达式。我们通过下面这个简单的示例来体验一下该功能：

```
>>> f'Hello, {name}!'
'Hello, Bob!'
```

这种新的格式化语法非常强大。因为其中可以嵌入任意的 Python 表达式，所以甚至能内联算术运算，如下所示：

```
>>> a = 5
>>> b = 10
>>> f'Five plus ten is {a + b} and not {2 * (a + b)}.'

'Five plus ten is 15 and not 30.'
```

本质上，格式化字符串字面值是 Python 解析器的功能：将 f 字符串转换为一系列字符串常量和表达式，然后合并起来构建最终的字符串。

假设有如下的 greet()函数，其中包含 f 字符串：

```
>>> def greet(name, question):
...     return f"Hello, {name}! How's it {question}?"
...

>>> greet('Bob', 'going')
"Hello, Bob! How's it going?"
```

① 详见 Python 文档：“Format String Syntax”。

在剖析函数并明白其本质后，就可以得知函数中的 f 字符串实际上转换成了类似以下的内容：

```
>>> def greet(name, question):
...     return ("Hello, " + name + "! How's it " +
          question + "?")
```

CPython 的实际实现比这种方式稍快，因为其中使用 BUILD_STRING 操作码进行了优化，[①]但两者在功能上是相同的：

```
>>> import dis
>>> dis.dis(greet)
  2       0 LOAD_CONST        1('Hello, ')
          2 LOAD_FAST         0(name)
          4 FORMAT_VALUE      0
          6 LOAD_CONST        2("! How's it ")
          8 LOAD_FAST         1(question)
         10 FORMAT_VALUE      0
         12 LOAD_CONST        3('?')
         14 BUILD_STRING      5
         16 RETURN_VALUE
```

字符串字面值也支持 str.format()方法所使用的字符串格式化语法，因此可以用相同的方式解决前两节中遇到的格式化问题：

```
>>> f"Hey {name}, there's a {errno:#x} error!"
"Hey Bob, there's a 0xbadc0ffee error!"
```

Python 新的格式化字符串字面值与 ES2015 中添加的 JavaScript 模板字面值（template literal）类似。我认为这对各个语言来说都是一个很好的补充，并且已经开始在 Python 3 的日常工作中使用。你可以在官方 Python 文档[②]中了解更多有关格式化字符串字面值的信息。

2.5.4 第四种方法：模板字符串

Python 中的另一种字符串格式化技术是模板字符串（template string）。这种机制相对简单，也不太强大，但在某些情况下可能正是你所需要的。

来看一个简单的问候示例：

```
>>> from string import Template
>>> t = Template('Hey, $name!')
>>> t.substitute(name=name)
'Hey, Bob!'
```

从上面可以看到，这里需要从 Python 的内置字符串模块中导入 Template 类。模板字符串不是核心语言功能，而是由标准库中的模块提供。

① 详见 Python 3 bug-tracker issue #27078。

② 详见 Python 文档："Formatted string literals"。

另一个区别是模板字符串不能使用格式说明符。因此，为了让之前的报错字符串示例正常工作，需要手动将 int 错误码转换为一个十六进制字符串：

```
>>> templ_string = 'Hey $name, there is a $error error!'
>>> Template(templ_string).substitute(
...     name=name, error=hex(errno)) 'Hey
Bob, there is a 0xbadc0ffee error!'
```

结果不错，但是你可能想知道什么时候应该在 Python 程序中使用模板字符串。在我看来，最佳使用场景是用来处理程序用户生成的格式字符串。因为模板字符串较为简单，所以是更安全的选择。

其他字符串格式化技术所用的语法更复杂，因而可能会给程序带来安全漏洞。例如，格式字符串可以访问程序中的任意变量。

这意味着，如果恶意用户可以提供格式字符串，那么就可能泄露密钥和其他敏感信息！下面用一个示例来简单演示一下这种攻击方式：

```
>>> SECRET = 'this-is-a-secret'
>>> class Error:
...     def __init__(self):
...         pass
>>> err = Error()
>>> user_input = '{error.__init__.__globals__[SECRET]}'

# 啊哦……
>>> user_input.format(error=err)
'this-is-a-secret'
```

注意看，假想的攻击者访问格式字符串中的__globals__字典，从中提取了秘密的字符串。吓人吧？用模板字符串就能避免这种攻击。因此，如果处理从用户输入生成的格式字符串，用模板字符串更加安全。

```
>>> user_input = '${error.__init__.__globals__[SECRET]}'
>>> Template(user_input).substitute(error=err)
ValueError:
"Invalid placeholder in string: line 1, col 1"
```

2.5.5　如何选择字符串格式化方法

我完全明白，Python 提供的多种字符串格式化方法会让你感到非常困惑。现在或许应该画一些流程图来解释。

但我不打算这样做，而是归纳一个编写 Python 代码时可以遵循的简单经验法则。

当难以决定选择哪种字符串格式化方法时，可以结合具体情况使用下面这个经验法则。

达恩的Python字符串格式化经验法则：

如果格式字符串是用户提供的，使用模板字符串来避免安全问题。如果不是，再考虑Python版本：Python 3.6+使用字符串字面值插值，老版本则使用“新式”字符串格式化。

2.5.6 关键要点

- 也许有些令人惊讶，但Python有不止一种字符串格式化的方式。
- 每种方式都有其优缺点，使用哪一种取决于具体情况。
- 如果难以选择，可以试试我的字符串格式化经验法则。

2.6 “Python之禅”中的彩蛋

虽然介绍Python的图书普遍会提到Tim Peters的“Python之禅”，但这段话的确值得再次提及。许多年来，我一直从中受益，Tim的话让我成为更优秀的程序员，希望你也能从中受益。

此外，“Python之禅”还作为彩蛋藏在Python语言当中。只需进入Python解释器会话并运行以下命令就能看到：

```
>>> import this
```

Python之禅——Tim Peters

美丽好过丑陋，
浅显好过隐晦，
简单好过复合，
复合好过复杂，
扁平好过嵌套，
稀疏好过密集，
可读性最重要，
即使祭出实用性为理由，特例也不可违背这些规则。
不应默认包容所有错误，得由人明确地让它闭嘴！
面对太多的可能，不要尝试猜测，应该有一个（而且是唯一）直白的解决方法。
当然，找到这个方法不是件容易的事，谁叫你不是荷兰人呢！
但是，现在就做永远比不做要好。
若实现方案很难解释，那么它就不是一个好方案；反之也成立！
名称空间是个绝妙想法——现在就来共同体验和增进这些吧！[①]

① 中文版来自ZoomQuite（大妈）。——译者注

第 3 章

高效的函数

3.1 函数是 Python 的头等对象

函数是 Python 的头等对象。可以把函数分配给变量、存储在数据结构中、作为参数传递给其他函数，甚至作为其他函数的返回值。

深入掌握这些概念不仅有助于理解 Python 中像 lambda 和装饰器这样的高级特性，而且会让你接触函数式编程技术。

接下来的几页将通过一些示例帮助你对这些概念形成直观的理解。这些示例循序渐进，因此需要按顺序阅读，并不断在 Python 解释器会话中尝试。

理解这些概念可能需要比较长的时间。别担心，这完全正常，我也经历过。你开始可能会觉得毫无头绪，但学习到一定程度后就会豁然开朗。

本章会使用下面这个 `yell` 函数来演示相关功能。这是个简单的示例，输出的内容很简单。

```
def yell(text):
    return text.upper() + '!'

>>> yell('hello')
'HELLO!'
```

3.1.1 函数是对象

Python 程序中的所有数据都是由对象或对象之间的关系来表示的。[①]字符串、列表和模块等都是对象。Python 中的函数也不例外，同样是对象。

由于 `yell` 函数是 Python 中的一个**对象**，因此像任何其他对象一样，也可以将其分配给另一个变量：

① 详见 Python 文档："Objects, values and types"。

```
>>> bark = yell
```

这一行没有调用函数,而是获取 `yell` 引用的函数对象,再创建一个指向该对象的名称 `bark`。现在调用 `bark` 就可以执行相同的底层函数对象:

```
>>> bark('woof')
'WOOF!'
```

函数对象及其名称是相互独立的实体,下面来验证一下。先删除该函数的原始名称(`yell`),由于另一个名称(`bark`)仍然指向底层函数,因此仍然可以通过 `bark` 调用该函数:

```
>>> del yell

>>> yell('hello?')
NameError: "name 'yell' is not defined"

>>> bark('hey')
'HEY!'
```

顺便说一句,Python 在创建函数时为每个函数附加一个用于调试的字符串标识符。使用 `__name__` 属性可以访问这个内部标识符:[①]

```
>>> bark.__name__
'yell'
```

虽然函数的 `__name__` 仍然是 `yell`,但已经无法用这个名称在代码中访问函数对象。名称标识符仅仅用来辅助调试,**指向函数的变量**和**函数本身**实际上是彼此独立的。

3.1.2　函数可存储在数据结构中

由于函数是头等对象,因此可以像其他对象一样存储在数据结构中。例如,可以将函数添加到列表中:

```
>>> funcs = [bark, str.lower, str.capitalize]
>>> funcs
[<function yell at 0x10ff96510>,
 <method 'lower' of 'str' objects>,
 <method 'capitalize' of 'str' objects>]
```

访问存储在列表中的函数对象与访问其他类型的对象一样:

```
>>> for f in funcs:
...     print(f, f('hey there'))
<function yell at 0x10ff96510> 'HEY THERE!'
<method 'lower' of 'str' objects> 'hey there'
<method 'capitalize' of 'str' objects> 'Hey there'
```

① 从 Python 3.3 开始加入了作用相似的 `__qualname__`,用来返回**限定名称**(qualified name)字符串,以消除函数和类名的歧义(详见 PEP 3155)。

存储在列表中的函数对象可以直接调用，无须事先为其分配一个变量。比如，在单个表达式中查找函数，然后立即调用这个“没有实体”的函数对象。

```
>>> funcs[0]('heyho')
'HEYHO!'
```

3.1.3 函数可传递给其他函数

由于函数是对象，因此可以将其作为参数传递给其他函数。下面这个 greet 函数将另一个函数对象作为参数，用这个函数来格式化问候字符串，然后输出结果：

```
def greet(func):
    greeting = func('Hi, I am a Python program')
    print(greeting)
```

传递不同的函数会产生不同的结果，向 greet 函数传递 bark 函数会得到下面这个结果：

```
>>> greet(bark)
'HI, I AM A PYTHON PROGRAM!'
```

当然，还可以定义一个新的函数来产生不同形式的问候语。例如，如果不希望这个 Python 程序在问候时听起来像擎天柱那样声音浑厚，那么可以使用下面的 whisper 函数：

```
def whisper(text):
    return text.lower() + '...'

>>> greet(whisper)
'hi, i am a python program...'
```

将函数对象作为参数传递给其他函数的功能非常强大，可以用来将程序中的**行为**抽象出来并传递出去。在这个例子中，greet 函数保持不变，但传递不同的**问候行为**能得到不同的结果。

能接受其他函数作为参数的函数被称为**高阶函数**。高阶函数是函数式编程风格中必不可少的一部分。

Python 中具有代表性的高阶函数是内置的 map 函数。map 接受一个函数对象和一个可迭代对象，然后在可迭代对象中的每个元素上调用该函数来生成结果。

下面通过将 bark 函数**映射**到多个问候语中来格式化字符串：

```
>>> list(map(bark, ['hello', 'hey', 'hi']))
['HELLO!', 'HEY!', 'HI!']
```

从上面可以看出，map 遍历整个列表并将 bark 函数应用于每个元素。所以，现在得到一个新列表对象，其中包含修改后的问候语字符串。

3.1.4 函数可以嵌套

也许有点出人意料，不过 Python 允许在函数中定义函数，这通常被称为**嵌套函数**或**内部函数**。来看下面的例子：

```
def speak(text):
    def whisper(t):
        return t.lower() + '...'
    return whisper(text)

>>> speak('Hello, World')
'hello, world...'
```


这里发生了什么？每次调用 `speak` 时，都会定义一个新的内部函数 `whisper` 并立即调用。从这里开始，我有点迷糊了，但总而言之还算相对简单。

但有个问题，`whisper` 只存在于 `speak` 内部：

```
>>> whisper('Yo')
NameError:
"name 'whisper' is not defined"

>>> speak.whisper
AttributeError:
"'function' object has no attribute 'whisper'"
```

那怎么才能从 `speak` 外部访问嵌套的 `whisper` 函数呢？由于函数是对象，因此可以将内部函数**返回**给父函数的调用者。

例如，下面这个函数定义了两个内部函数。顶层函数根据传递进来的参数向调用者返回对应的内部函数：

```
def get_speak_func(volume):
    def whisper(text):
        return text.lower() + '...'
    def yell(text):
        return text.upper() + '!'
    if volume > 0.5:
        return yell
    else:
        return whisper
```

注意，`get_speak_func` 实际上不**调用**任何内部函数，只是根据 `volume` 参数选择适当的内部函数，然后返回这个函数对象：

```
>>> get_speak_func(0.3)
<function get_speak_func.<locals>.whisper at 0x10ae18>

>>> get_speak_func(0.7)
<function get_speak_func.<locals>.yell at 0x1008c8>
```

返回的函数既可以直接调用，也可以先指定一个变量名称再使用：

```
>>> speak_func = get_speak_func(0.7)
>>> speak_func('Hello')
'HELLO!'
```

要深入领会一下这里的概念。这意味着函数不仅可以通过参数**接受行为**，还可以**返回行为**。很酷吧？

这些内容有点多。在继续写作之前，我要喝杯咖啡休息一下（建议你也休息一下）。

3.1.5 函数可捕捉局部状态

前面介绍了函数可以包含内部函数，甚至可以从父函数返回（默认情况下看不见的）内部函数。

现在做好准备，下面将进入函数式编程中较深的领域。（你刚刚休息了一会儿，对吧？）

内部函数不仅可以从父函数返回，还可以**捕获并携带父函数的某些状态**。这是什么意思呢？

下面对前面的 `get_speak_func` 示例做些小改动来逐步说明这一点。新版在内部就会使用 `volume` 和 `text` 参数，因此返回的函数是可以直接调用的：

```
def get_speak_func(text, volume):
    def whisper():
        return text.lower() + '...'
    def yell():
        return text.upper() + '!'
    if volume > 0.5:
        return yell
    else:
        return whisper

>>> get_speak_func('Hello, World', 0.7)()
'HELLO, WORLD!'
```

仔细看看内部函数 `whisper` 和 `yell`，注意其中并没有 `text` 参数。但不知何故，内部函数仍然可以访问在父函数中定义的 `text` 参数。它们似乎**捕捉**并“记住”了这个参数的值。

拥有这种行为的函数被称为**词法闭包**（lexical closure），简称**闭包**。闭包在程序流不在闭包范围内的情况下，也能记住封闭作用域（enclosing scope）中的值。

实际上，这意味着函数不仅可以**返回行为**，还可以**预先配置这些行为**。用另一个例子来演示一下：

```
def make_adder(n):
    def add(x):
        return x + n
```

```
    return add

>>> plus_3 = make_adder(3)
>>> plus_5 = make_adder(5)

>>> plus_3(4)
7
>>> plus_5(4)
9
```

在这个例子中，`make_adder` 作为**工厂函数**来创建和配置各种 adder 函数。注意，这些 adder 函数仍然可以访问 `make_adder` 函数中位于封闭作用域中的参数 `n`。

3.1.6 对象也可作为函数使用

虽然 Python 中的所有函数都是对象，但反之不成立。有些对象不是函数，但依然**可以调用**，因此在许多情况下可以将其**当作函数**来对待。

如果一个对象是可调用的，意味着可以使用圆括号函数调用语法，甚至可以传入调用参数。这些都由`__call__`双下划线方法完成。下面这个类能够定义可调用对象：

```
class Adder:
    def __init__(self, n):
        self.n = n

    def __call__(self, x):
        return self.n + x

>>> plus_3 = Adder(3)
>>> plus_3(4)
7
```

在幕后，像函数那样"调用"一个对象实例实际上是在尝试执行该对象的`__call__`方法。

当然，并不是所有的对象都可以调用，因此 Python 内置了 `callable` 函数，用于检查一个对象是否可以调用。

```
>>> callable(plus_3)
True
>>> callable(yell)
True
>>> callable('hello')
False
```

3.1.7 关键要点

- Python 中一切皆为对象，函数也不例外。可以将函数分配给变量或存储在数据结构中。作为头等对象，函数还可以被传递给其他函数或作为其他函数的返回值。

- 头等函数的特性可以用来抽象并传递程序中的行为。
- 函数可以嵌套，并且可以捕获并携带父函数的一些状态。具有这种行为的函数称为闭包。
- 对象可以被设置为可调用的，因此很多情况下可以将其作为函数对待。

3.2 lambda是单表达式函数

Python中的 `lambda` 关键字可用来快速声明小型匿名函数。lambda函数的行为与使用 `def` 关键字声明的常规函数一样，可以用于所有需要函数对象的地方。

下面定义一个简单的lambda函数，用于进行加法运算：

```
>>> add = lambda x, y: x + y
>>> add(5, 3)
8
```

用 `def` 关键字能声明相同的 `add` 函数，但稍微冗长一些：

```
>>> def add(x, y):
...     return x + y
>>> add(5, 3)
8
```

你可能想知道lambda有什么独特之处：如果只是比用 `def` 声明函数稍微方便一点，那有什么大不了的？

来看下面的例子，同时脑海里要记着**函数表达式**这个概念：

```
>>> (lambda x, y: x + y)(5, 3)
8
```

发生了什么呢？这里用 `lambda` 内联定义了一个加法函数，然后立即用参数 `5` 和 `3` 进行调用。

从概念上讲，**lambda表达式** `lambda x, y: x + y` 与用 `def` 声明函数相同，但从语法上来说表达式位于lambda内部。两者的关键区别在于，lambda不必先将函数对象与名称绑定，只需在lambda中创建一个想要执行的表达式，然后像普通函数那样立即调用进行计算。

在继续学习之前，最好先自己尝试一下前面的代码示例来深入理解其中的含义。我自己当初花了不少时间才掌握这些内容。如果你在理解这些知识的时候花费了一点时间，不用担心，这是值得的。

lambda和普通函数定义之间还有另一个语法差异。lambda函数只能含有一个表达式，这意味着lambda函数不能使用语句或注解（annotation），甚至不能使用返回语句。

那么应该如何从lambda返回值呢？执行lambda函数时会计算其中的表达式，然后自动返回表达式的结果，所以其中总是有一个**隐式**的返回表达式。因此有些人把lambda称为**单表达式函数**。

3.2.1 lambda 的使用场景

应该在什么时候使用 lambda 函数呢？从技术上讲，每当需要提供一个函数对象时，就可以使用 lambda 表达式。而且，因为 lambda 是匿名的，所以不需要先分配一个名字。

因此，lambda 能方便灵活地快速定义 Python 函数。我一般在对可迭代对象进行排序时，使用 lambda 表达式定义简短的 `key` **函数**：

```
>>> tuples = [(1, 'd'), (2, 'b'), (4, 'a'), (3, 'c')]
>>> sorted(tuples, key=lambda x: x[1])
[(4, 'a'), (2, 'b'), (3, 'c'), (1, 'd')]
```

3

上面的例子按照每个元组中的第 2 个值对元组列表进行排序。在这种情况下，用 lambda 函数能快速修改排序顺序。下面是另一个排序示例：

```
>>> sorted(range(-5, 6), key=lambda x: x * x)
[0, -1, 1, -2, 2, -3, 3, -4, 4, -5, 5]
```

前面展示的两个示例在 Python 内部都有更简洁的实现，分别是 `operator.itemgetter()` 和 `abs()` 函数。但我希望你能从中看出 lambda 带来的灵活性。想要根据某个键值的计算结果对序列排序？没问题，现在你应该知道怎么做了。

lambda 还有一个有趣之处：与普通的嵌套函数一样，lambda 也可以像**词法闭包**那样工作。

词法闭包是什么？这只是对某种函数的一个奇特称呼，该函数能记住来自某个封闭词法作用域的值，即使程序流已经不在作用域中也不例外。下面用一个（相当学术的）例子来演示这个思想：

```
>>> def make_adder(n):
...     return lambda x: x + n

>>> plus_3 = make_adder(3)
>>> plus_5 = make_adder(5)

>>> plus_3(4)
7
>>> plus_5(4)
9
```

在上面的例子中，即使 `n` 是在 `make_adder` 函数（封闭的作用域）中定义的，但 `x + n` lambda 仍然可以访问 `n` 的值。

有时，与 `def` 关键字声明的嵌套函数相比，lambda 函数可以更清楚地表达程序员的意图。不过说实话，lambda 的应用并不广泛，至少我在写代码时很少用，所以下面再多说几句。

3.2.2　不应过度使用 lambda

虽然我希望本节能激发你探索 lambda 函数的兴趣，但现在是时候告诫你，应该非常小心谨慎地使用 lambda 函数。

若工作代码用到了 lambda，虽然看起来很“酷”，但实际上对自己和同事都是一种负担。如果想使用 lambda 表达式，那么请花几秒（或几分钟）思考，为了获得你所期望的结果，这种方式是否真的最简洁且最易维护。

例如，用下面这种方式少写两行代码很蠢。虽然在技术上可行且足够花哨，但会让那些工期很紧并且需要快速修复 bug 的人觉得难以理解：

```
# 有害：
>>> class Car:
...     rev = lambda self: print('Wroom!')
...     crash = lambda self: print('Boom!')

>>> my_car = Car()
>>> my_car.crash()
'Boom!'
```

将 lambda 和 `map()` 或 `filter()` 结合起来构建复杂的表达式也很难让人理解，此时用列表解析式或生成器表达式通常会清晰不少：

```
# 有害：
>>> list(filter(lambda x: x % 2 == 0, range(16)))
[0, 2, 4, 6, 8, 10, 12, 14]

# 清晰：
>>> [x for x in range(16) if x % 2 == 0]
[0, 2, 4, 6, 8, 10, 12, 14]
```

如果你发现自己在用 lambda 表达式做非常复杂的事，那么可以考虑定义一个有恰当名称的独立函数。

从长远来看，少敲一些代码并不重要，同事（以及未来的自己）并不喜欢花哨的炫耀，而是喜欢清晰可读的代码。

3.2.3　关键要点

- lambda 函数是单表达式函数，不必与名称绑定（匿名）。
- lambda 函数不能使用普通的 Python 语句，其中总是包含一个隐式 `return` 语句。
- 使用前总是先问问自己：**使用普通具名函数或者列表解析式是否更加清晰？**

3.3 装饰器的力量

Python 的装饰器可以用来临时扩展和修改可调用对象（函数、方法和类）的行为，同时又不会永久修改可调用对象本身。

装饰器的一大用途是将通用的功能应用到现有的类或函数的行为上，这些功能包括：

- 日志（logging）
- 访问控制和授权
- 衡量函数，如执行时间
- 限制请求速率（rate-limiting）
- 缓存，等等

为什么要掌握在 Python 中使用装饰器？毕竟刚刚提到的内容听起来很抽象，可能很难看出装饰器在日常工作中能为 Python 开发人员带来的好处。下面我尝试通过一个实际例子来回答这个问题。

假设在报告生成程序中有 30 个处理业务逻辑的函数。在一个下着雨的周一早上，老板走到你的办公桌前说：“**周一快乐！记得那些 TPS 报告吗？我需要你为报告生成器中的每个步骤都添加输入/输出日志记录的功能，X 公司需要用其来进行审计。对了，我告诉他们我们可以在周三之前完成。**”

如果你对 Python 装饰器掌握得还不错，那么就能够冷静地应对这个需求，否则就要血压飙升了。

如果没有装饰器，那么可能需要花费整整三天时间来逐个修改这 30 个函数，在其中添加手动调用日志记录的代码。很悲惨吧？

但如果你了解装饰器，就能带着微笑平静地对老板说：“**别担心，我会在今天下午 2 点之前完成。**”

然后，你会着手编写一个通用的`@audit_log`装饰器（只有大约 10 行），并将其快速粘贴到每个函数定义的前面。之后提交代码就能休息了。

这里我稍微夸张了一点。不过装饰器确实很强大。对于所有认真的 Python 程序员来说，理解装饰器都是一个里程碑。使用装饰器之前，需要牢固掌握 Python 中的几个高级概念，包括头等函数的若干特性。

我认为，理解装饰器能在 Python 工作中带来巨大的收益。

当然，在第一次接触的时候，你会觉得装饰器比较复杂。然而装饰器是一个非常有用的特性，在第三方框架和 Python 标准库中会经常遇到。一个 Python 教程好不好，看看其中对装饰器的讲解就能知道了。这里，我会竭尽所能逐步介绍清楚。

但在深入之前，现在最好重温 Python 中**头等函数**的特性。3.1 节专门对此进行了介绍，你可以花点时间来回顾一下。对于理解装饰器来说，“头等函数”中最重要的特性有：

- **函数是对象**，可以分配给变量并传递给其他函数，以及从其他函数返回；
- **在函数内部也能定义函数**，且子函数可以捕获父函数的局部状态（词法闭包）。

现在准备好了吗？下面就开始吧。

3.3.1 Python 装饰器基础

那么装饰器到底是什么？装饰器是用来“装饰”或“包装”另一个函数的，在被包装函数运行之前和之后执行一些代码。

装饰器可以用来定义可重用的代码块，改变或扩展其他函数的行为，而无须永久性地修改包装函数本身。函数的行为只有在**装饰后**才会改变。

那么简单装饰器的实现会是什么样子的呢？用基本术语来说，装饰器是**可调用的，将可调用对象作为输入并返回另一个可调用对象**。

下面这个函数就具有这种特性，因此可以认为它是最简单的装饰器：

```
def null_decorator(func):
    return func
```

从中可以看到，`null_decorator` 是函数，因此是可调用对象。它将另一个可调用对象作为输入，但是不做修改、直接返回。

下面用这个函数装饰（或包装）另一个函数：

```
def greet():
    return 'Hello!'

greet = null_decorator(greet)

>>> greet()
'Hello!'
```

这个例子中定义了一个 `greet` 函数，然后立即运行 `null_decorator` 函数来装饰它。这个例子看起来没什么用，因为 `null_decorator` 是刻意设计的空装饰器。但后面将用这个例子来讲解 Python 中特殊的装饰器语法。

刚刚是在 `greet` 上显式调用 `null_decorator`，然后重新分配给 `greet` 变量，而使用 Python

的@语法能够更方便地修饰函数：

```
@null_decorator
def greet():
    return 'Hello!'

>>> greet()
'Hello!'
```

在函数定义之前放置一个`@null_decorator`，相当于先定义函数然后运行这个装饰器。@只是**语法糖**，简化了这种常见的写法。

注意，使用@语法会在定义时就立即修饰该函数。这样，若想访问未装饰的原函数则需要折腾一番。因此如果想保留调用未装饰函数的能力，那么还是要手动装饰需要处理的函数。

3

3.3.2 装饰器可以修改行为

在熟悉装饰器语法之后，下面来编写一个**有实际作用**的装饰器来修改被装饰函数的行为。

这个装饰器稍微复杂一些，将被装饰函数返回的结果转换成大写字母：

```
def uppercase(func):
    def wrapper():
        original_result = func()
        modified_result = original_result.upper()
        return modified_result
    return wrapper
```

这个`uppercase`装饰器不像之前那样直接返回输入函数，而是在其中定义一个新函数（闭包）。在调用原函数时，新函数会**包装**原函数来修改其行为。

包装闭包（新函数）可以访问未经装饰的输入函数（原函数），并且可在调用输入函数之前和之后自由执行额外的代码。（从技术上讲，甚至根本不需要调用输入函数。）

注意，到目前为止被装饰的函数还从未执行过。实际上，在这里调用输入函数没有任何意义，因为装饰器的目的是在最终调用输入函数的时候修改其行为。

你可能需要一点时间消化一下。装饰器看起来有点复杂，但我保证后续会逐步讲解清楚。

现在来看看`uppercase`装饰器的实际行为，用它来装饰原来的`greet`函数会发生什么：

```
@uppercase
def greet():
    return 'Hello!'

>>> greet()
'HELLO!'
```

希望这与你的预期一致。仔细看看刚刚发生的事情吧。与 null_decorator 不同，uppercase 装饰器在装饰函数时会返回一个**不同的函数对象**：

```
>>> greet
<function greet at 0x10e9f0950>

>>> null_decorator(greet)
<function greet at 0x10e9f0950>

>>> uppercase(greet)
<function uppercase.<locals>.wrapper at 0x76da02f28>
```

正如你之前看到的那样，只有这样装饰器才能修改被装饰函数在调用时的行为。uppercase 修饰器本身就是一个函数。对于被装饰的输入函数来说，修改其“未来行为”的唯一方法是用闭包替换（或**包装**）这个输入函数。

这就是为什么 uppercase 定义并返回了另一个函数（闭包），这个函数在后续调用时会运行原输入函数并修改其结果。

装饰器通过包装闭包来修改可调用对象的行为，因此无须永久性地修改原对象。原可调用对象的行为仅在装饰时才会改变。

利用这种特性可以将可重用的代码块（如日志记录和其他功能）应用于现有的函数和类。因此装饰器是 Python 中非常强大的功能，在标准库和第三方包中经常用到。

小憩一下

顺便说一句，如果你现在需要稍微休息一下，完全没问题。在我看来，闭包和装饰器位于 Python 中最难理解的概念之列。

不用着急马上掌握这些内容。在解释器会话中逐个尝试前面的代码示例有助于理解这些概念。

我知道你能做到！

3.3.3　将多个装饰器应用于一个函数

当然，多个装饰器能应用于一个函数并叠加各自的效果，因此装饰器能够以组件的形式重复使用。

下面这个例子中有两个装饰器，用于将被装饰函数返回的字符串包装在 HTML 标记中。从结果中标签嵌套的方式能看出 Python 应用多个装饰器的顺序：

```
def strong(func):
    def wrapper():
        return '<strong>' + func() + '</strong>'
    return wrapper
```

```
def emphasis(func):
    def wrapper():
        return '<em>' + func() + '</em>'
    return wrapper
```

现在把这两个装饰器同时应用到 greet 函数中。可以使用普通的@语法在函数前面“叠加”多个装饰器：

```
@strong
@emphasis

def greet():
    return 'Hello!'
```


现在运行被装饰函数会得到什么输出？是@emphasis 装饰器先添加<em>标签，还是@strong 先添加<strong>标签？来一起看看吧：

```
>>> greet()
'<strong><em>Hello!</em></strong>'
```

从结果中能清楚地看出装饰器应用的顺序是**从下向上**。首先是@emphasis 装饰器包装输入函数，然后@strong 装饰器重新包装这个已经装饰过的函数。

为了帮助自己记忆这个从下到上的顺序，我喜欢称之为**装饰器栈**[1]。栈从底部开始构建，新内容都添加到顶部。

如果将上面的例子拆分开来，以传统方式来应用装饰器，那么装饰器函数调用链如下所示：

```
decorated_greet = strong(emphasis(greet))
```

同样，从中可以看到先应用的是 emphasis 装饰器，然后由 strong 装饰器重新包装前一步生成的包装函数。

这也意味着堆叠过多的装饰器会对性能产生影响，因为这等同于添加许多嵌套的函数调用。在实践中这一般不是什么问题，但如果在注重性能的代码中经常使用装饰器，那么要注意这一点。

3.3.4 装饰接受参数的函数

到目前为止，所有的例子都只是装饰了简单的**无参**函数 greet，没有处理输入函数的参数。

之前的装饰器无法应用于含有参数的函数。那么如何装饰带有参数的函数呢？

这种情况下，Python 中用于变长参数的*args 和**kwargs 特性[2]就能派上用场了。下面的

① 其实称之为“装饰器队列”更准确，因为最先添加的装饰器最先起作用，而不是最后添加的起作用。——译者注

② 参见 3.4 节。

proxy 装饰器就用到了这些特性：

```
def proxy(func):
    def wrapper(*args, **kwargs):
        return func(*args, **kwargs)
    return wrapper
```

这个装饰器有两个值得注意的地方：

- 它在 wrapper 闭包定义中使用*和**操作符收集所有位置参数和关键字参数，并将其存储在变量 args 和 kwargs 中；
- 接着，wrapper 闭包使用*和**“参数解包”操作符将收集的参数转发到原输入函数。

不过星和双星操作符有点复杂，且其具体含义与使用环境有关，先明白这里的含义就行了。

现在将 proxy 装饰器中介绍的技术扩展成更有用的示例。下面的 trace 装饰器在执行时会记录函数参数和结果：

```
def trace(func):
    def wrapper(*args, **kwargs):
        print(f'TRACE: calling {func.__name__}() '
              f'with {args}, {kwargs}')

        original_result = func(*args, **kwargs)

        print(f'TRACE: {func.__name__}() '
              f'returned {original_result!r}')

        return original_result
    return wrapper
```

使用 trace 对函数进行装饰后，调用该函数会打印传递给装饰函数的参数及其返回值。这仍然是一个简单的演示示例，不过有助于调试程序：

```
@trace
def say(name, line):
    return f'{name}: {line}'

>>> say('Jane', 'Hello, World')
'TRACE: calling say() with ("Jane", "Hello, World"), {}'
'TRACE: say() returned "Jane: Hello, World"'
'Jane: Hello, World'
```

说到调试，在调试装饰器时要注意下面这些事情。

3.3.5　如何编写“可调试”的装饰器

在使用装饰器时，实际上是使用一个函数替换另一个函数。这个过程的一个缺点是“隐藏”了（未装饰）原函数所附带的一些元数据。

例如，包装闭包隐藏了原函数的名称、文档字符串和参数列表：

```
def greet():
    """Return a friendly greeting."""
    return 'Hello!'

decorated_greet = uppercase(greet)
```

如果试图访问这个函数的任何元数据，看到的都是包装闭包的元数据：

```
>>> greet.__name__
'greet'
>>> greet.__doc__
'Return a friendly greeting.'

>>> decorated_greet.__name__
'wrapper'
>>> decorated_greet.__doc__
None
```

这增加了调试程序和使用 Python 解释器的难度。幸运的是，有一个方法能避免这个问题：使用 Python 标准库中的 `functools.wraps` 装饰器。[①]

在自己的装饰器中使用 `functools.wraps` 能够将丢失的元数据从被装饰的函数复制到装饰器闭包中。来看下面这个例子：

```
import functools

def uppercase(func):
    @functools.wraps(func)
    def wrapper():
        return func().upper()
    return wrapper
```

将 `functools.wraps` 应用到由装饰器返回的封装闭包中，会获得原函数的文档字符串和其他元数据：

```
@uppercase
def greet():
    """Return a friendly greeting."""
    return 'Hello!'

>>> greet.__name__
'greet'
>>> greet.__doc__
'Return a friendly greeting.'
```

建议最好在自己编写的所有装饰器中都使用 `functools.wraps`。这并不会占用太多时间，同时可以减少自己和其他人的调试难度。

① 详见 Python 文档：“`functools.wraps`”。

恭喜你，现在已经读完了这复杂的一章，学习了很多关于 Python 装饰器的知识。干得不错！

3.3.6 关键要点

- 装饰器用于定义可重用的组件，可以将其应用于可调用对象以修改其行为，同时无须永久修改可调用对象本身。
- @语法只是在输入函数上调用装饰器的简写。在单个函数上应用多个装饰器的顺序是从底部到顶部（**装饰器栈**）。
- 为了方便调试，最好在自己的装饰器中使用 `functools.wraps` 将被装饰对象中的元数据转移到装饰后的对象中。
- 与软件开发中的其他工具一样，装饰器不是万能的，不应过度使用。装饰器虽然能完成任务，但也容易产生可怕且不可维护的代码，要注意两者间的取舍。

3.4 有趣的`*args`和`**kwargs`

我曾经与一位聪明的 Python 高手结对编程。除了他每次在输入带有可选或关键字参数的函数时会大喊“argh”和“kwargh”[1]之外，我们通常相处得很好。我猜，人们在学术环境中编程久了就可能会发生这种情况。

尽管`*args`和`**kwargs`参数不受重视，但它们是 Python 中非常有用的特性。了解其中的潜能会让你成为更高效的开发者。

`*args`和`**kwargs`参数到底有什么用呢？它们能让函数接受**可选**参数，因此能在模块和类中创建灵活的 API：

```
def foo(required, *args, **kwargs):
    print(required)
    if args:
        print(args)
    if kwargs:
        print(kwargs)
```

上述函数至少需要一个名为 `required` 的参数，但也可以接受额外的位置参数和关键字参数。

如果用额外的参数调用该函数，`args` 将收集额外的位置参数组成元组，因为这个参数名称带有`*`前缀。

同样，`kwargs` 会收集额外的关键字参数来组成字典，因为参数名称带有`**`前缀。

如果不传递额外的参数，那么 `args` 和 `kwargs` 都为空。

---

[1] 这是作者说的一个笑话，因为 `args` 和 argh 很相似，`kwargs` 和 kwargh 同理。——译者注

在用各种参数组合来调用这个函数时，Python 会将位置参数或关键字参数分别收集到 args 和 kwargs 参数中：

```
>>> foo()
TypeError:
"foo() missing 1 required positional arg: 'required'"

>>> foo('hello')
hello

>>> foo('hello', 1, 2, 3)
hello
(1, 2, 3)

>>> foo('hello', 1, 2, 3, key1='value', key2=999)
hello
(1, 2, 3)
{'key1': 'value', 'key2': 999}
```

这里需要说清楚的是，参数 args 和 kwargs 只是一个命名约定。哪怕将其命名为*parms 和**argv，前面的例子也能正常工作。实际起作用的语法分别是星号（*）和双星号（**）。

不过还是建议你坚持使用公认的命名规则以避免混淆。（这样还有机会每隔一段时间就大喊出“argh”和“kwargh”。）

3.4.1 传递可选参数或关键字参数

可选参数或关键字参数还可以从一个函数传递到另一个函数。这需要用解包操作符*和**将参数传递给被调用的函数。[1]

参数在传递之前还可以修改，来看下面这个例子：

```
def foo(x, *args, **kwargs):
    kwargs['name'] = 'Alice'
    new_args = args + ('extra', )
    bar(x, *new_args, **kwargs)
```

这种技术适用于创建子类和编写包装函数。例如在扩展父类的行为时，子类中的构造函数不用再带有完整的参数列表，因而适用于处理那些不受我们控制的 API：

```
class Car:
    def __init__(self, color, mileage):
        self.color = color
        self.mileage = mileage

class AlwaysBlueCar(Car):
```

① 参见 3.5 节。

```
    def __init__(self, *args, **kwargs):
        super().__init__(*args, **kwargs)
        self.color = 'blue'

>>> AlwaysBlueCar('green', 48392).color
'blue'
```

AlwaysBlueCar 构造函数只是将所有参数传递给它的父类，然后重写一个内部属性。这意味着如果父类的构造函数发生变化，AlwaysBlueCar 仍然可以按预期运行。

不过缺点是，AlwaysBlueCar 构造函数现在有一个相当无用的签名——若不查看父类，无从知晓函数会接受哪些参数。

一般情况下，自己定义的类层次中并不会用到这种技术。这通常用于修改或覆盖某些外部类中的行为，而自己又无法控制这些外部类。

但这仍然属于比较危险的领域，所以最好小心一点（不然可能很快就会因为另一个原因而尖叫出声）。

该技术可能有用的另一个场景是编写包装函数，如装饰器。这种情况下，我们通常也想接受所有传递给包装函数的参数。

如果能在不复制和粘贴原函数签名的情况下就做到这一点，就会让代码更易于维护：

```
def trace(f):
    @functools.wraps(f)
    def decorated_function(*args, **kwargs):
        print(f, args, kwargs)
        result = f(*args, **kwargs)
        print(result)
    return decorated_function

@trace
def greet(greeting, name):
   return '{}, {}!'.format(greeting, name)

>>> greet('Hello', 'Bob')
<function greet at 0x1031c9158> ('Hello', 'Bob') {}
'Hello, Bob!'
```

这样的技术使我们有时很难在“代码足够明确”和“不要重复自己”（DRY）原则之间保持平衡。这是个艰难的选择，有条件的话建议咨询一下同事的意见。

3.4.2　关键要点

- *args 和**kwargs 用于在 Python 中编写变长参数的函数。
- *args 收集额外的位置参数组成元组。**kwargs 收集额外的关键字参数组成字典。

- 实际起作用的语法是*和**。args 和 kwargs 只是约定俗成的名称（但应该坚持使用这两个名称）。

3.5 函数参数解包

*和**操作符有一个非常棒但有点神秘的功能，那就是用来从序列和字典中“解包”函数参数。

下面来定义一个简单的函数作为例子：

```
def print_vector(x, y, z):
    print('<%s, %s, %s>' % (x, y, z))
```

从中可以看到，该函数接受三个参数（x、y 和 z）并美观地打印出来。使用这个函数能在程序中漂亮地打印三维向量：

```
>>> print_vector(0, 1, 0)
<0, 1, 0>
```

如果用其他数据结构来表示三维向量，那么使用 print_vector 函数进行打印就会出问题。例如用元组或列表表示三维向量的话，在打印时就必须明确指定每个组件的索引：

```
>>> tuple_vec = (1, 0, 1)
>>> list_vec = [1, 0, 1]
>>> print_vector(tuple_vec[0],
                 tuple_vec[1],
                 tuple_vec[2])
<1, 0, 1>
```

使用普通函数调用加上多个参数既笨拙也没有必要。如果能够将向量对象“炸开”成三个组件，一次性将所有内容传递给 print_vector 函数，那岂不是更好？

（当然，也可以简单地重新定义 print_vector，让其只接受一个表示向量对象的参数。但这里只是要举一个简单的例子，所以先忽略这个方法。）

幸好 Python 中用*操作符进行**函数参数解包**能更好地处理这种情况：

```
>>> print_vector(*tuple_vec)
<1, 0, 1>
>>> print_vector(*list_vec)
<1, 0, 1>
```

在函数调用时，在可迭代对象前面放一个*能**解包**这个参数，将其中的元素作为单独的位置参数传递给被调用的函数。

这种技术适用于任何可迭代对象，包括生成器表达式。在生成器上使用*操作符会消耗生成器中的所有元素，并将它们传递给函数：

```
>>> genexpr = (x * x for x in range(3))
>>> print_vector(*genexpr)
```

*操作符用于将元组、列表和生成器等序列解包为位置参数。除此之外，还有用于从字典中解包关键字参数的**操作符。假设用下面这个字典对象表示前面的向量：

```
>>> dict_vec = {'y': 0, 'z': 1, 'x': 1}
```

那么可以将该字典传递给 print_vector，然后使用**操作符解包：

```
>>> print_vector(**dict_vec)
<1, 0, 1>
```

由于字典是无序的，[①]因此解包时会匹配字典键和函数参数：x 参数接受字典中与'x'键相关联的值。

如果使用单个星号（*）操作符来解包字典，则所有的键将以随机顺序传递给函数：

```
>>> print_vector(*dict_vec)
<y, x, z>
```

Python 的函数参数解包功能带来了很多灵活性。也就是说，不一定要为程序所需的数据类型实现一个类，使用简单的内置数据结构（如元组或列表）就足够了，这样有助于降低代码的复杂度。

关键要点

- *和**操作符可用于从序列和字典中“解包”函数参数。
- 高效使用参数解包有助于为模块和函数编写更灵活的接口。

3.6 返回空值

Python 在所有函数的末尾添加了隐式的 return None 语句。因此，如果函数没有指定返回值，默认情况下会返回 None。

这意味着可以用纯 return 语句替换 return None 语句，也可以直接不写 return 语句，结果完全相同：

```
def foo1(value):
    if value:
        return value
```

① 自 Python 3.6 开始，字典是有序的，但仅仅是指插入顺序，不是某种“自动排序”。——译者注

```
    else:
        return None

def foo2(value):
    """纯return语句，相当于`return None`"""
    if value:
        return value
    else:
        return

def foo3(value):
    """无return语句，也相当于`return None`"""
    if value:
        return value
```


如果向 2 这三个函数都传递假值[1]，那么三个函数都能正常返回 None：

```
>>> type(foo1(0))
<class 'NoneType'>

>>> type(foo2(0))
<class 'NoneType'>

>>> type(foo3(0))
<class 'NoneType'>
```

那么，什么情况下才应该在自己的 Python 代码中使用这个特性呢？

我的经验法则是，如果函数（有些语言将其称为**过程**）**没有返回值**，那么就忽略返回语句。在这种情况下添加返回语句不仅多余，而且会带来混乱。比如 Python 的内置 print 函数就是一个过程，调用 print 只是为了使用函数的副作用（打印文本），永远都不是为了获得该函数的返回值。

再来看看 Python 内置的 sum 函数。这个函数显然具有一个逻辑返回值，并且通常不会仅为其副作用而调用 sum。sum 的目的是将一系列的数相加，然后传递结果。因此，如果一个函数从逻辑的角度来看有返回值，那么要自行决定是否使用隐式返回语句。

一方面，有人认为省略显式的 return None 语句能让代码更简洁，因而更易于阅读和理解。主观上也可以说这让代码"更漂亮"了。

另一方面，有些程序员很惊讶 Python 有这样的行为。在编写干净和可维护的代码时，出乎意料的行为通常并不是一个好兆头。

例如在本书的雏形中，一个代码示例使用了"隐式返回语句"。代码中没有对此进行说明，本意只是想用一个简短的代码示例解释 Python 中的其他功能。

① 布尔计算为 False 的值。——译者注

然而最终我收到了源源不断的电子邮件，向我指出该代码示例中“缺少 `return` 语句”。显然，并不是每个人都清楚理解 Python 的隐式返回行为，而且它在这个示例中还会令人分心。因此我又添加了一个注释来说明，之后就没有再收到这些电子邮件了。

不要误会，我也喜欢写出干净且“美丽”的代码。同时，我也强烈认为程序员应该清楚地了解正在使用的语言中有何细节。

不过，考虑到即使这种简单的误解对维护也有很大的影响，最好写出更明确清晰的代码，毕竟代码具有沟通作用。

关键要点

- 如果函数没有指定返回值，则返回 `None`。是否明确地返回 `None` 是风格方面的问题。
- 返回空值是 Python 的核心功能，但是使用显式的 `return None` 语句能更清楚地表达代码的意图。

第 4 章

类与面向对象

4

4.1 对象比较：is 与==

当我还是个孩子的时候，邻居家有一对双胞胎猫。这两只猫看起来完全相同，都有炭黑色的毛发和锐利的绿色眼睛。除非依靠一些个性上的小癖好，否则单从外表无法区分这两只猫。尽管看起来完全一样，但它们依然是两只不同的猫，两个不同的生物。

这让我意识到了“相等”和“相同”两者之间的含义是有所区别的。这种区别对理解 Python 的 is 和==比较操作符至关重要。

==操作符比较的是相等性，即如果那两只猫是 Python 对象，那么使用==操作符得到的答案是“两只猫是一样的”。

然而 is 操作符比较的是相同性，即如果用 is 操作符比较那两只猫，则得到的答案是“两只猫不是同一只猫”。

在被这些用猫打的比方弄迷糊之前，我们来看看真实的 Python 代码。

首先，创建一个新的列表对象 a，接着定义另一个变量 b 并指向相同的列表对象：

```
>>> a = [1, 2, 3]
>>> b = a
```

查看这两个变量，可以发现这两个列表看上去相同：

```
>>> a
[1, 2, 3]
>>> b
[1, 2, 3]
```

由于这两个列表对象看上去相同，因此当使用==操作符比较时也会获得期望的结果：

```
>>> a == b
True
```

但这个操作并没有告诉我们 a 和 b 是否真的指向同一个对象。当然，我们知道是这样的，因为之前是我们亲自为其赋值的。不过假设我们不知道，那么应该如何检查呢？

答案是用 is 操作符比较这两个变量。这样就能确认两个变量实际上都指向同一个列表对象：

```
>>> a is b
True
```

下面来为之前的列表对象创建一个完全相同的副本，即对已有的列表调用 list()，创建一个名为 c 的副本：

```
>>> c = list(a)
```

同样，新的列表看上去与 a 和 b 指向的列表相同：

```
>>> c
[1, 2, 3]
```

下面就到了有趣的地方。用==操作符比较列表副本 c 和原先的列表 a，你期望看到什么结果？

```
>>> a == c
True
```

好吧，希望这就是你所期望的结果。结果显示 c 和 a 含有相同的内容。因此 Python 认为两者是相等的。但它们是否指向同一个对象呢？我们用 is 操作符验证一下：

```
>>> a is c
False
```

看，这里得到不同的结果了。虽然内容相同，但 Python 告诉我们，c 和 a 指向的是不同的对象。

来概括一下吧，用两条定义区分 is 和==的区别：

- 当两个变量指向同一个对象时，is 表达式的结果为 True；
- 当各变量指向的对象含有相同内容时，==表达式的结果为 True。

当你需要在 Python 中选择 is 和==时，只要回想前面两只猫的示例就可以了。你一定没问题的。

4.2　字符串转换（每个类都需要__repr__）

在 Python 中定义一个自定义类之后，如果尝试在控制台中输出其实例或在解释器会话中查看，并不能得到十分令人满意的结果。默认的“转换成字符串”功能非常原始，缺少细节：

```
class Car:
    def __init__(self, color, mileage):
        self.color = color
        self.mileage = mileage
```

```
>>> my_car = Car('red', 37281)
>>> print(my_car)
<__console__.Car object at 0x109b73da0>
>>> my_car
<__console__.Car object at 0x109b73da0>
```

默认情况下得到的是一个包含类名和对象实例 `id` 的字符串（这是 CPython 中对象的内存地址）。虽然比**什么都没有**要好，但也没什么用。

你可能会直接打印类的属性，或者向类中添加自定义的 `to_string()` 方法来绕过这个问题：

```
>>> print(my_car.color, my_car.mileage)
red 37281
```

这个总体思路是正确的，但是忽略了 Python 将对象转成字符串的约定和内置机制。

因此不要构建自己的字符串转换机制，而是向类中添加双下划线方法 `__str__` 和 `__repr__`。这两个方法以具有 Python 特色的方式在不同情况下将对象转换为字符串。[①]

4

来看看这些方法在实践中是如何工作的。首先为前面的 `Car` 类增加一个 `__str__` 方法：

```
class Car:
    def __init__(self, color, mileage):
        self.color = color
        self.mileage = mileage

    def __str__(self):
        return f'a {self.color} car'
```

在尝试打印或查看 `Car` 实例时，得到的结果稍许有些改进：

```
>>> my_car = Car('red', 37281)
>>> print(my_car)
'a red car'
>>> my_car
<__console__.Car object at 0x109ca24e0>
```

在控制台中查看 `Car` 对象得到的依然是之前包含对象 `id` 的结果，但是**打印**对象就会得到由新添加的 `__str__` 方法返回的字符串。

`__str__` 是 Python 中的一种双下划线方法，尝试将对象转换为字符串时会调用这个方法：

```
>>> print(my_car)
a red car
>>> str(my_car)
'a red car'
>>> '{}'.format(my_car)
'a red car'
```

① 详见 Python 文档：“The Python Data Model”。

有了合适的__str__实现，打印对象时就不用担心会直接打印对象属性，也不用编写单独的to_string()函数了。这就是具有 Python 特色的字符串转换方法。

顺便说一下，有些人把 Python 的双下划线方法称为“魔法方法”。不过这些方法并没有什么神奇之处，以双下划线起始只是一个命名约定，表示这些方法是 Python 的核心特性。除此之外，加上双下划线还有助于避免与自己的方法和属性同名。对象构造函数__init__就遵循这样的约定，其中并没有什么神奇或神秘的地方。

因此不要害怕使用 Python 双下划线方法，这些方法大有用途。

4.2.1　__str__与__repr__

我们继续来看字符串转换的问题。前一节中，如果在解释器会话中查看 my_car，仍然会得到奇怪的<Car object in 0x109ca24e0>。

发生这种情况是因为在 Python 3 中实际上有**两个**双下划线方法能够将对象转换为字符串。第一个是刚刚介绍的__str__；第二个是__repr__，其工作方式类似于__str__，但用于其他情形。（Python 2.*x* 还有一个__unicode__方法，后面会介绍。）

这里做一个简单的实验，你可以从中了解__str__和__repr__的使用场景。下面重新定义 Car 类，添加这两个用来转换成字符串的双下划线方法，用于产生不同的输出：

```
class Car:
    def __init__(self, color, mileage):
        self.color = color
        self.mileage = mileage

    def __repr__(self):
        return '__repr__ for Car'

    def __str__(self):
        return '__str__ for Car'
```

在尝试上面的示例时，可以看到每个方法生成了对应的字符串转换结果：

```
>>> my_car = Car('red', 37281)
>>> print(my_car)
__str__ for Car
>>> '{}'.format(my_car)
'__str__ for Car'
>>> my_car
__repr__ for Car
```

从实验可以得知，在 Python 解释器会话中查看对象得到的是对象的__repr__结果。

有趣的是，像列表和字典这样的容器总是使用__repr__的结果来表示所包含的对象，哪怕对容器本身调用 str()也是如此：

```
str([my_car])
'[__repr__ for Car]'
```

为了手动选择其中一种字符串转换方法，比如要更清楚地表示代码的意图，最好使用内置的 str()和 repr()函数。使用这两个函数比直接调用对象的__str__或__repr__要好，因为结果相同但更美观：

```
>>> str(my_car)
'__str__ for Car'
>>> repr(my_car)
'__repr__ for Car'
```

介绍完__str__和__repr__之后，你可能想知道它们各自在实际使用中的差异。这两个函数的目的看上去相同，因此你可能对其各自的使用场景感到费解。

对于这样的问题，可以看看 Python 标准库是怎么做的。现在再设计一个实验，创建一个 datetime.date 对象，看这个对象如何使用__repr__和__str__来控制字符串转换：

```
>>> import datetime
>>> today = datetime.date.today()
```

在 date 对象上，__str__函数的结果侧重于**可读性**，旨在为人们返回一个简洁的文本表示，以便放心地向用户展示。因此在 date 对象上调用 str()时，得到的是一些看起来像 ISO 日期格式的东西：

```
>>> str(today)
'2017-02-02'
```

__repr__侧重的则是得到**无歧义**的结果，生成的字符串更多的是帮助开发人员调试程序。为此需要尽可能明确地说明这个对象是什么，因此在对象上调用 repr()会得到相对更复杂的结果，其中甚至包括完整的模块和类名称：

```
>>> repr(today)
'datetime.date(2017, 2, 2)'
```

复制并粘贴由这个__repr__返回的字符串，可以作为有效的 Python 语句重新创建原 date 对象。这种方式很不错，在编写自己的 repr 时值得借鉴。

然而我发现这个模式实践起来相当困难，通常不值得这么做，因为这只会带来额外的工作。我的经验法则是只要让__repr__生成的字符串对开发人员清晰且有帮助就可以了，并不需要能从中恢复对象的完整状态。

4.2.2 为什么每个类都需要__repr__

如果不提供__str__方法，Python 在查找__str__时会回退到__repr__的结果。因此建议总是为自定义类添加__repr__方法，这只需花费很少的时间，但能保证在几乎所有情况下都能得到可用字符串转换结果。

下面介绍如何快速高效地为自定义类添加基本的字符串转换功能。对于前面的 Car 类，首先添加一个__repr__：

```
def __repr__(self):
    return f'Car({self.color!r}, {self.mileage!r})'
```

注意，这里使用!r 转换标志来确保输出字符串使用的是 repr(self.color)和 repr(self.mileage)，而不是 str(self.color)和 str(self.mileage)。

虽然这样能正常工作，但缺点是在格式字符串中硬编码了类名称。有一种技巧能避免这种硬编码，即使用对象的__class__.__name__属性来获得以字符串表示的类名称。

这样做的好处是在改变类名称时，不必修改__repr__的实现，因此能更好地遵循“不要重复自己”（DRY）原则：

```
def __repr__(self):
    return (f'{self.__class__.__name__}('
            f'{self.color!r}, {self.mileage!r})')
```

其缺点是格式字符串非常长且笨拙。但如果仔细设置格式，依然能保持良好的代码形式，并符合 PEP 8 规范。

有了上面的__repr__实现，在直接查看对象或调用 repr()时能够得到有用的结果：

```
>>> repr(my_car)
'Car(red, 37281)'
```

打印对象或调用 str()会返回相同的字符串，因为默认的__str__实现只是简单地调用__repr__：

```
>>> print(my_car)
'Car(red, 37281)'
>>> str(my_car)
'Car(red, 37281)'
```

我认为这是一种标准方法，能做到事半功倍，并且在大部分情况下可以直接使用。因此，我总是会为自定义类添加一个基本的__repr__实现。

下面是一个针对 Python 3 的完整示例，其中还包括可选的__str__实现：

```
class Car:
    def __init__(self, color, mileage):
        self.color = color
        self.mileage = mileage

    def __repr__(self):
```

```
        return (f'{self.__class__.__name__}('
                f'{self.color!r}, {self.mileage!r})')

    def __str__(self):
        return f'a {self.color} car'
```

4.2.3 Python 2.*x* 的差异：__unicode__

在 Python 3 中使用 `str` 数据类型表示文本，其中用到了 unicode 字符，可以表示世界上大部分书写系统。

Python 2.*x* 使用不同的数据模型来表示字符串。[①]有两种类型可以表示文本：`str`（仅限于 ASCII 字符集）和 unicode（等同于 Python 3 的 `str`）

由于这种差异，Python 2 中还有另一种双下划线方法能够控制字符串转换：`__unicode__`。在 Python 2 中，`__str__`返回**字节**，而`__unicode__`返回**字符**。

大多数情况下应优先使用新的`__unicode__`方法转换字符串。同时还有一个内置的 `unicode()`函数，该函数会调用相应的双下划线方法，与 `str()`和 `repr()`的工作方式相似。

到目前为止还不错，但 Python 2 中调用`__str__`和`__unicode__`的规则非常古怪：`print` 语句和 `str()`调用`__str__`；内置的 `unicode()`先调用`__unicode__`，若没有`__unicode__`则回退到`__str__`，此时使用系统文本编码对结果进行解码。

与 Python 3 相比，这些特殊情况让文本转换规则变得更加复杂。不过能针对实际情况进一步简化。unicode 是 Python 程序中处理文本的首选，同时也是趋势。

所以一般情况下，建议在 Python 2.*x* 中将所有字符串格式化代码放入`__unicode__`方法中，然后创建一个`__str__`存根实现，返回以 UTF-8 编码的 unicode 表示形式：

```
def __str__(self):
    return unicode(self).encode('utf-8')
```

大多数自定义类中的`__str__`存根函数都是相同的，所以可以根据需要复制和粘贴（或者放到一个基类中）。所有生成针对非开发人员的字符串转换代码都应位于`__unicode__`中。

下面是一个针对 Python 2.*x* 的完整示例：

```
class Car(object):
    def __init__(self, color, mileage):
        self.color = color
        self.mileage = mileage

    def __repr__(self):
```

① 详见 Python 2 文档："Data Model"。

```
        return '{}({!r},
            {!r})'.format( self.__class__.__name__,
            self.color, self.mileage)

    def __unicode__(self):
        return u'a {self.color}
            car'.format( self=self)

    def __str__(self):
        return unicode(self).encode('utf-8')
```

4.2.4　关键要点

- 使用`__str__`和`__repr__`双下划线方法能够自行控制类中的字符串转换。
- `__str__`的结果应该是可读的。`__repr__`的结果应该是无歧义的。
- 总是为类添加`__repr__`。`__str__`默认情况下会调用`__repr__`。
- 在 Python 2 中使用`__unicode__`而不是`__str__`。

4.3　定义自己的异常类

在刚开始使用 Python 时，我不敢在代码中编写自定义异常类。但是定义自己的错误类型有很多好处，比如可以清楚地显示出潜在的错误，让函数和模块更具可维护性。自定义错误类型还可用来提供额外的调试信息。

这些特性都有助于改进 Python 代码，使其更易于理解、调试和维护。下面通过几个例子循序渐进地轻松学习定义自己的异常类。本节将逐个介绍其中必须掌握的要点。

假设需要对应用程序中表示人名的输入字符串进行验证，你编写了下面这个简单的人名验证函数：

```
def validate(name):
    if len(name) < 10:
        raise ValueError
```

如果函数验证失败就会引发 `ValueError` 异常。这看上去已经很有 Python 特色了，还算可以吧。

不过使用像 `ValueError` 这样的“高级”泛型异常类有一个缺点。假设函数是其他库的一部分，同事在不了解其内部实现的情况下直接使用。那么在名字验证失败时，栈调试回溯中的内容会如下所示：

```
>>> validate('joe')
Traceback (most recent call last):
  File "<input>", line 1, in <module>
    validate('joe')
  File "<input>", line 3, in validate
    raise ValueError
ValueError
```

这个栈回溯用处不大。虽然知道出了问题，并且问题与某种“错误的值”有关，但为了解决问题，同事肯定会查看 validate()的实现。但阅读代码需要时间，而且通常会耗费很长时间。

幸运的是还有更好的办法，即引入自定义异常类型来表示名字验证失败。下面将基于 Python 的内置 ValueError 创建新的异常类，但用更显式的名称来说明问题：

```
class NameTooShortError(ValueError):
    pass

def validate(name):
    if len(name) < 10:
        raise NameTooShortError(name)
```

现在有了能够“顾名思义”的 NameTooShortError 异常类型，它扩展自内置的 ValueError 类。一般情况下自定义异常都是派生自 Exception 这个异常基类或其他内置的 Python 异常，如 ValueError 或 TypeError——取决于哪个更合适。

另外，注意在 validate 函数中实例化自定义异常时，将 name 变量传递给了构造函数，这样能为他人提供更好的栈回溯内容：

```
>>> validate('jane')
Traceback (most recent call last):
  File "<input>", line 1, in <module>
    validate('jane')
  File "<input>", line 3, in validate
    raise NameTooShortError(name)
NameTooShortError: jane
```

再次尝试从他人的角度体会一下上面的输出。当发生错误时，自定义异常类能清楚地描述发生的状况。

即使是在自己的代码库上工作也是如此，结构良好的代码在数周或数月之后依然很容易维护。

花费 30 秒定义一个简单的异常类就能让代码更加可读。现在继续前进，还有更多内容需要掌握。

无论是公开发布 Python 软件包，还是为公司创建可重用的模块，最好为模块创建一个自定义异常基类，然后从中派生所有其他异常。

下面为一个模块或包中的所有异常创建自定义的异常层次结构。第一步是声明一个基类，其他所有的具体错误都会继承这个类：

```
class BaseValidationError(ValueError):
    pass
```

所有的“实际”错误类都可以从这个错误基类派生出来，从而组成一个优雅且整洁的异常层次结构：

```
class NameTooShortError(BaseValidationError):
    pass

class NameTooLongError(BaseValidationError):
    pass

class NameTooCuteError(BaseValidationError):
    pass
```

这样用户就可以编写 `try...except` 语句来处理软件包中所有的自定义错误，无须手动捕获各个具体的异常：

```
try:
    validate(name)
except BaseValidationError as err:
    handle_validation_error(err)
```

用户仍然可以捕获更具体的异常，不过如果想以宽泛的方式处理，那么可以捕获这个自定义基类，不用再一股脑地捕获所有异常了。捕获所有异常通常是一种反模式，会默默吞下并隐藏无关的错误，让程序难以调试。

当然，还可以进一步扩展这种思想，将异常根据逻辑分组，形成更精细的子层次结构。但要小心，这样很容易引入不必要的复杂性。

总之，编写自定义异常类能更好地在代码中采纳"请求原谅比请求许可更容易"（easier to ask for forgiveness than permission，EAFP）这种 Python 式的编程风格。

关键要点

- 定义自己的异常类型能让代码清楚地表达出自己的意图，并易于调试。
- 要从 Python 内置的 `Exception` 类或特定的异常类（如 `ValueError` 或 `KeyError`）派生出自定义异常。
- 可以使用继承来根据逻辑对异常分组，组成层次结构。

4.4　克隆对象

Python 中的赋值语句不会创建对象的副本，而只是将名称绑定到对象上。对于不可变对象也是如此。

但为了处理可变对象或可变对象集合，需要一种方法来创建这些对象的"真实副本"或"克隆体"。

从本质上讲，你有时需要用到对象的副本，以便修改副本时不会改动本体。本节将介绍如何在 Python 中复制或"克隆"对象，以及相关的注意事项。

先来看如何复制 Python 的内置容器（collection）。[①]Python 的内置可变容器，如列表、字典和集合，调用对应的工厂函数就能完成复制：

```
new_list = list(original_list)
new_dict = dict(original_dict)
new_set = set(original_set)
```

但用这种方法无法复制自定义对象，且最重要的是这种方法只创建**浅副本**。对于像列表、字典和集合这样的复合对象，浅复制和深复制之间有下面这一个重要区别。

浅复制是指构建一个新的容器对象，然后填充原对象中子对象的引用。本质上浅复制只执行**一层**，复制过程不会递归，因此不会创建子对象的副本。

深复制是递归复制，首先构造一个新的容器对象，然后递归地填充原始对象中子对象的副本。这种方式会遍历整个对象树，以此来创建原对象及其所有子项的完全独立的副本。

这里的内容有点多，所以我们会通过一些例子来理解深复制和浅复制之间的区别。

4.4.1 制作浅副本

下面的例子中将创建一个新的嵌套列表，然后用 `list()`工厂函数**浅**复制：

```
>>> xs = [[1, 2, 3], [4, 5, 6], [7, 8, 9]]
>>> ys = list(xs)   # 制作一个浅副本
```

这意味着 `ys` 现在是一个新的独立对象，与 `xs` 具有相同的内容。查看这两个对象来确认一下：

```
>>> xs
[[1, 2, 3], [4, 5, 6], [7, 8, 9]]
>>> ys
[[1, 2, 3], [4, 5, 6], [7, 8, 9]]
```

为了确认 `ys` 真的与原对象互相独立，我们来设计一个小实验。先尝试向原对象（`xs`）添加一个新列表，然后查看这个改动是否影响了副本（`ys`）：

```
>>> xs.append(['new sublist'])
>>> xs
[[1, 2, 3], [4, 5, 6], [7, 8, 9], ['new sublist']]
>>> ys
[[1, 2, 3], [4, 5, 6], [7, 8, 9]]
```

从中可以看到，结果符合预期。修改浅复制的列表完全不会影响副本。

但由于前面只创建了原列表的**浅**副本，所以 `ys` 仍然含有 `xs` 子对象的引用。

① 此处把 collection 翻译成了“容器”以便与中文语境下的“集合”（set）做区分。下文在介绍 namedtuple“容器”类型时，使用的是 container 一词。——译者注

这些子对象**没有**复制，只是在 ys 中再次引用。

因此在修改 xs 中的子对象时，这些改动也会反映在 ys 中——因为**两个列表共享相同的子对象**。这个副本是仅含有一层的浅复制：

```
>>> xs[1][0] = 'X'
>>> xs
[[1, 2, 3], ['X', 5, 6], [7, 8, 9], ['new sublist']]
>>> ys
[[1, 2, 3], ['X', 5, 6], [7, 8, 9]]
```

在上面的例子中，看上去只是修改了 xs。但事实证明，xs 和 ys 中的索引 1 处的子列表**都**被修改了。再次提醒，发生这种情况是因为前面只创建了原始列表的**浅**副本。

如果在第一步中创建的是 xs 的**深**副本，那么这两个对象会互相完全独立。这就是对象的浅副本和深副本之间的实际区别。

现在你了解了如何创建一些内置容器类的浅副本，并且知道了浅复制和深复制之间的区别，剩下的问题如下。

- 如何创建内置容器的深副本？
- 如何创建任意对象（包括自定义类）的浅副本和深副本？

解决这些问题需要用到 Python 标准库中的 copy 模块。该模块提供了一个简单接口来创建任意 Python 对象的浅副本和深副本。

4.4.2　制作深副本

修改前面的列表复制示例，这次使用 copy 模块中定义的 deepcopy() 函数创建深副本：

```
>>> import copy
>>> xs = [[1, 2, 3], [4, 5, 6], [7, 8, 9]]
>>> zs = copy.deepcopy(xs)
```

在查看 xs 及使用 copy.deepcopy() 创建的副本 zs 时，会发现和前面的示例相同，它们看起来都一样：

```
>>> xs
[[1, 2, 3], [4, 5, 6], [7, 8, 9]]
>>> zs
[[1, 2, 3], [4, 5, 6], [7, 8, 9]]
```

但如果修改原对象（xs）中的某个子对象，则会发现这些修改不会影响深副本（zs）。

现在原对象和副本是完全独立的。复制过程中递归复制了 xs，包括它的所有子对象：

```
>>> xs[1][0] = 'X'
>>> xs
[[1, 2, 3], ['X', 5, 6], [7, 8, 9]]
>>> zs
[[1, 2, 3], [4, 5, 6], [7, 8, 9]]
```

你可能需要打开 Python 解释器，花一些时间熟悉这些例子。在亲身尝试这些例子后能更好地理解这些对象复制的概念。

顺便说一句，还可以使用 copy 模块中的一个函数来创建浅副本。copy.copy()函数会创建对象的浅副本。

在代码中，copy.copy()可以清楚地表明这里创建的是浅副本。但对于内置容器，只需要使用 list、dict 和 set 这样的工厂函数就能创建浅副本，这种方式更具 Python 特色。

4.4.3 复制任意对象

还有一个问题是，如何创建任意对象（包括自定义类）的浅副本和深副本，下面就来看看。

还是要用到 copy 模块，其中的 copy.copy()和 copy.deepcopy()函数可以复制任何对象。

同样，理解其工作方式的最好方法是进行简单的实验。基于之前的列表复制示例，首先定义一个简单的 2D 点类：

```
class Point:
    def __init__(self, x, y):
        self.x = x
        self.y = y

    def __repr__(self):
        return f'Point({self.x!r}, {self.y!r})'
```

这个类很简单，其中实现了__repr__()以便轻松地在 Python 解释器中查看从此类创建的对象。

接下来将创建一个 Point 实例，然后使用 copy 模块进行浅复制：

```
>>> a = Point(23, 42)
>>> b = copy.copy(a)
```

如果查看原 Point 对象及其浅副本的内容，会发现正如期望中的一样：

```
>>> a
Point(23, 42)
>>> b
Point(23, 42)
>>> a is b
False
```

还有一点需要记住，由于的点对象使用不可变类型（int）作为其坐标，因此在这种情况下，浅复制和深复制之间并没有区别。不过下面会扩展这个例子。

来看一个更复杂的例子。下面将定义另一个类来表示 2D 矩形。这次将创建更复杂的对象层次结构，矩形将使用 Point 对象来表示坐标：

```
class Rectangle:
    def __init__(self, topleft, bottomright):
        self.topleft = topleft
        self.bottomright = bottomright

    def __repr__(self):
        return (f'Rectangle({self.topleft!r}, '
                f'{self.bottomright!r})')
```

同样，首先尝试创建一个矩形实例的浅副本：

```
rect = Rectangle(Point(0, 1), Point(5, 6))
srect = copy.copy(rect)
```

如果查看原矩形及其副本，会看到__repr__()对 Point 也能正常重载，并且浅复制过程正常工作：

```
>>> rect
Rectangle(Point(0, 1), Point(5, 6))
>>> srect
Rectangle(Point(0, 1), Point(5, 6))
>>> rect is srect
False
```

还记得前面关于列表的示例中是如何查看浅副本和深副本之间的区别吗？这里将使用相同的方法，在对象层次结构中修改位于内部的对象，然后在（浅）副本中查看相关改动：

```
>>> rect.topleft.x = 999
>>> rect
Rectangle(Point(999, 1), Point(5, 6))
>>> srect
Rectangle(Point(999, 1), Point(5, 6))
```

希望这和你的期望一致。接着将创建原矩形的深副本并再次修改，观察哪些对象受到影响：

```
>>> drect = copy.deepcopy(srect)
>>> drect.topleft.x = 222
>>> drect
Rectangle(Point(222, 1), Point(5, 6))
>>> rect
Rectangle(Point(999, 1), Point(5, 6))
>>> srect
Rectangle(Point(999, 1), Point(5, 6))
```

看吧！这次深副本（drect）完全独立于原对象（rect）和浅副本（srect）。

到这里已经介绍了很多内容，但关于对象的复制还有许多细节。

这个主题值得深入研究，因此你可能需要研究 copy 模块的文档[1]，甚至可能需要深入研究 copy 模块的源码[2]。例如，对象可以通过定义特殊方法__copy__()和__deepcopy__()来控制它们的复制方式。玩得开心！

4.4.4 关键要点

- 创建的浅副本不会克隆子对象，因此副本和原对象并不完全独立。
- 对象的深副本将递归克隆子对象。副本完全独立于原对象，但创建深副本的速度较慢。
- 使用 copy 模块可以复制任意对象（包括自定义类）。

4.5 用抽象基类避免继承错误

抽象基类（abstract base class，ABC）用来确保派生类实现了基类中的特定方法。本节将学习其优点以及如何使用 Python 内置的 abc 模块来定义抽象基类。

那么抽象基类适用于哪些地方呢？前一段时间，我跟同事讨论了在 Python 中哪种模式适合用来实现可维护的类层次结构。具体来说，就是想以方便程序员且可维护的方式为服务端定义简单的类层次结构。

我们有一个 BaseService 类定义了一个通用接口和几个具体的实现。这些具体的实现（MockService 和 RealService 等）各自做不同的事情，但都提供了相同的接口。明确一下这种关系：所有这些具体实现都是 BaseService 的子类。

为了使这些代码尽可能易于维护和方便程序员使用，我们希望确保以下几点：

- 无法实例化基类；
- 如果忘记在其中一个子类中实现接口方法，那么要尽早报错。

为什么要使用 Python 的 abc 模块来解决这个问题？上述设计在复杂的系统中很常见，为了强制派生类实现基类中的许多方法，通常使用如下 Python 惯用法：

```
class Base:
    def foo(self):
        raise NotImplementedError()

    def bar(self):
        raise NotImplementedError()
```

① 详见 Python 文档："Shallow and deep copy operations"。

② 详见 CPython 源码："Lib/copy.py"。

```
class Concrete(Base):
    def foo(self):
        return 'foo() called'

    # 忘记重载bar()了……
    # def bar(self):
    #     return "bar() called"
```

第一次尝试解决问题时，会发现在 Base 的实例上调用方法能正确引发 NotImplementedError 异常：

```
>>> b = Base()
>>> b.foo()
NotImplementedError
```

此外，Concrete 类也能正确地实例化和使用。如果在其实例上调用未实现的方法 bar()也会引发异常：

```
>>> c = Concrete()
>>> c.foo()
'foo() called'
>>> c.bar()
NotImplementedError
```

第一个实现还不错，但不够完美，有以下缺点可以改进：

- 实例化 Base 时没有报错；
- 提供了不完整的子类，即实例化 Concrete 并不会报错，只有在调用缺失的 bar()方法时才报错。

使用自 Python 2.6 添加的 abc 模块①可以更好地解决剩下的这些问题。下面这个改进版使用 abc 模块定义了抽象基类：

```
from abc import ABCMeta, abstractmethod

class Base(metaclass=ABCMeta):
    @abstractmethod
    def foo(self):
        pass

    @abstractmethod
    def bar(self):
        pass

class Concrete(Base):
    def foo(self):
        pass

    # 又忘记声明bar()了……
```

① 详见 Python 文档："abc module"。

这种方式仍然能按预期运行并正确地创建类层次结构：

```
assert issubclass(Concrete, Base)
```

这么做有额外的好处。如果忘记实现某个抽象方法，**实例化** Base 的子类时会引发 TypeError。引发的异常会告诉我们缺少哪些方法：

```
>>> c = Concrete()
TypeError:
"Can't instantiate abstract class Concrete
with abstract methods bar"
```

不用 abc 模块的话，如果缺失某个方法，则只有在实际调用这个方法时才会抛出 NotImplementedError。在实例化时就告知缺少某个方法的好处很多，这样更难编写出无效的子类。如果你正在编写新的代码可能还体会不到，但几周或几个月后就会感觉到这个优点了。

当然，这种模式并不能完全替代编译时的类型检查，但能使类层次更稳健且易于维护。使用 ABC 可以清楚地说明程序员的意图，从而使代码更易于理解。建议你阅读 abc 模块文档，并留意适用这种模式的情形。

关键要点

- 抽象基类（ABC）能在派生类实例化时检查其是否实现了基类中的某些特定方法。
- 使用 ABC 可以帮助避免 bug 并使类层次易于理解和维护。

4.6 namedtuple 的优点

Python 有专门的 namedtuple 容器类型，但似乎没有得到应有的重视。这是 Python 中那些缺乏关注但又令人惊叹的特性之一。

利用 namedtuple 可以手动定义类（class），除此之外，本节还会介绍 namedtuple 中其他有趣的特性。

那么 namedtuple 是什么，有什么特别之处呢？理解 namedtuple 的一个好方法是将其视为内置元组数据类型的扩展。

Python 的元组是用于对任意对象进行分组的简单数据结构。元组也是不可变的，创建后就不能修改。来看一个简单的例子：

```
>>> tup = ('hello', object(), 42)
>>> tup
('hello', <object object at 0x105e76b70>, 42)
>>> tup[2]
42
```

```
>>> tup[2] = 23
TypeError:
"'tuple' object does not support item assignment"
```

简单元组有一个缺点，那就是存储在其中的数据只能通过整数索引来访问。无法给存储在元组中的单个属性赋予名称，因而代码的可读性不高。

另外，元组是一种具有单例性质的数据结构，很难保证两个元组存有相同数量的字段和相同的属性，因此很容易因为不同元组之间的字段顺序不同而引入难以意识到的 bug。

4.6.1　namedtuple 上场

namedtuple 旨在解决两个问题。

首先，与普通元组一样，namedtuple 是不可变容器。一旦将数据存储在 namedtuple 的顶层属性中，就不能更新属性了。namedtuple 对象上的所有属性都遵循“一次写入，多次读取”的原则。

其次，namedtuple 就是**具有名称的元组**。存储在其中的每个对象都可以通过唯一的（人类可读的）标识符来访问。因此不必记住整数索引，也无须采用其他变通方法，如将整数常量定义为索引的助记符。

下面来看看 namedtuple：

```
>>> from collections import namedtuple
>>> Car = namedtuple('Car' , 'color mileage')
```

namedtuple 在 Python 2.6 被首次添加到标准库中。使用时需要导入 `collections` 模块。上面的例子中定义了一个简单的 `Car` 数据类型，含有 `color` 和 `mileage` 两个字段。

你可能想知道为什么本例中将字符串`'Car'`作为第一个参数传递给 `namedtuple` 工厂函数。

这个参数在 Python 文档中被称为 typename，在调用 `namedtuple` 函数时作为新创建的类名称。

由于 `namedtuple` 并不知道创建的类最后会赋给哪个变量，因此需要明确告诉它需要使用的类名。`namedtuple` 会自动生成文档字符串和`__repr__`，其中的实现中会用到类名。

在这个例子中还有另外一个奇特的语法：为什么将字段作为`'color mileage'`这样的字符串整体传递？

答案是 namedtuple 的工厂函数会对字段名称字符串调用 `split()`，将其解析为字段名称列表。分开来就是下面这两步：

```
>>> 'color mileage'.split()
['color', 'mileage']
>>> Car = namedtuple('Car', ['color', 'mileage'])
```

当然，如果更倾向于分开写的话，也可以直接传入带有字符串字段名称的列表。使用列表的好处是，在需要拆分成多行时可以更轻松地重新格式化代码：

```
>>> Car = namedtuple('Car', [
...     'color',
...     'mileage',
... ])
```

无论以什么方式初始化，现在都可以使用 Car 工厂函数创建新的“汽车”对象，其效果和手动定义 Car 类并提供一个接受 color 和 mileage 值的构造函数相同：

```
>>> my_car = Car('red', 3812.4)
>>> my_car.color
'red'
>>> my_car.mileage
3812.4
```

除了通过标识符来访问存储在 namedtuple 中的值之外，索引访问仍然可用。因此 namedtuple 可以用作普通元组的替代品：


```
>>> my_car[0]
'red'
>>> tuple(my_car)
('red', 3812.4)
```

元组解包和用于函数参数解包的*操作符也能正常工作：

```
>>> color, mileage = my_car
>>> print(color, mileage)
red 3812.4
>>> print(*my_car)
red 3812.4
```

自动得到的 namedtuple 对象字符串形式也挺不错的，不用自己编写相关函数了：

```
>>> my_car
Car(color='red' , mileage=3812.4)
```

与元组一样，namedtuple 是不可变的。试图覆盖某个字段时会得到一个 AttributeError 异常：

```
>>> my_car.color = 'blue'
AttributeError: "can't set attribute"
```

namedtuple 对象在内部是以普通的 Python 类实现的。当涉及内存使用时，namedtuple 比普通类“更好”，它和普通元组的内存占用都比较少。

可以这么看：namedtuple 适合在 Python 中以节省内存的方式快速手动定义一个不可变的类。

4.6.2　子类化 namedtuple

因为 namedtuple 建立在普通 Python 类之上，所以还可以向 namedtuple 对象添加方法。例如，可以像其他类一样扩展 namedtuple 定义的类，为其添加方法和新属性。来看一个例子：

```
Car = namedtuple('Car', 'color mileage')

class MyCarWithMethods(Car):
    def hexcolor(self):
        if self.color == 'red':
            return '#ff0000'
        else:
            return '#000000'
```

现在能够创建 `MyCarWithMethods` 对象并调用 `hexcolor()` 方法了，就像预期的那样：

```
>>> c = MyCarWithMethods('red', 1234)
>>> c.hexcolor()
'#ff0000'
```

这种方式可能有点笨拙，但适合构建具有不可变属性的类，不过也很容易带来其他问题。

例如，由于 namedtuple 内部的结构比较特殊，因此很难添加新的**不可变**字段。另外，创建 namedtuple 类层次的最简单方法是使用基类元组的 `_fields` 属性：

```
>>> Car = namedtuple('Car', 'color mileage')
>>> ElectricCar = namedtuple(
...     'ElectricCar', Car._fields + ('charge',))
```

结果符合预期：

```
>>> ElectricCar('red', 1234, 45.0)
ElectricCar(color='red', mileage=1234, charge=45.0)
```

4.6.3　内置的辅助方法

除了 `_fields` 属性，每个 namedtuple 实例还提供了其他一些有用的辅助方法。这些方法都以单下划线（_）开头。单下划线通常表示方法或属性是“私有”的，不是类或模块的稳定公共接口的一部分。

然而在 namedtuple 中，下划线具有不同的含义。这些辅助方法和属性是 namedtuple 公共接口的一部分，以单下划线开头只是为了避免与用户定义的元组字段发生命名冲突。所以在需要时就尽管使用吧。

下面会介绍一些能用到这些 namedtuple 辅助方法的情形。我们从 `_asdict()` 辅助方法开始，该方法将 namedtuple 的内容以字典形式返回：

```
>>> my_car._asdict()
OrderedDict([('color', 'red'), ('mileage', 3812.4)])
```

这样在生成 JSON 输出时可以避免拼错字段名称：

```
>>> json.dumps(my_car._asdict())
'{"color": "red", "mileage": 3812.4}'
```

另一个有用的辅助函数是_replace()。该方法用于创建一个元组的浅副本，并能够选择替换其中的一些字段：

```
>>> my_car._replace(color='blue')
Car(color='blue', mileage=3812.4)
```

最后介绍的是_make()类方法，用来从序列或迭代对象中创建 namedtuple 的新实例：

```
>>> Car._make(['red', 999])
Car(color='red', mileage=999)
```


4.6.4 何时使用 namedtuple

namedtuple 能够更好地组织数据的结构，让代码更整洁、更易读。

例如，将格式固定、针对特定场景的数据类型（比如字典）替换为 namedtuple 能更清楚地表达开发者的意图。通常，当我尝试以这种方式重构时，就会神奇地为眼前的问题想出一个更好的解决方案。

用 namedtuple 替换非结构化的元组和字典还可以减轻同事的负担，因为 namedtuple 让数据在传递时在某种程度上做到了自说明（self documenting）。

另一方面，如果 namedtuple 不能帮我编写更整洁、更易维护的代码，那么我会尽量避免使用。像本书介绍的许多其他技术一样，滥用 namedtuple 会带来负面影响。

但只要仔细使用，namedtuples 无疑能让 Python 代码更好、更可读。

4.6.5 关键要点

- collection.namedtuple 能够方便地在 Python 中手动定义一个内存占用较少的不可变类。
- 使用 namedtuple 能按照更易理解的结构组织数据，进而简化了代码。
- namedtuple 提供了一些有用的辅助方法，虽然这些方法以单下划线开头，但实际上是公共接口的一部分，可以正常使用。

4.7 类变量与实例变量的陷阱

不仅类方法和实例方法之间有区别，Python的对象模型中类变量和实例变量也有所区别。

这种区别非常重要，在刚接触 Python 时给我带来了不少烦恼。在很长一段时间里，我都没有花时间从头开始理解这些概念，所以我早期面向对象的代码中充满了令人惊讶的行为和奇怪的错误。本节将通过一些实践示例来理清曾经引起我困惑的地方。

就像我刚刚说的那样，Python对象有两种数据属性：**类变量**和**实例变量**。

类变量在类定义内部声明（但位于实例方法之外），不受任何特定类实例的束缚。类变量将其内容存储在类本身中，从特定类创建的所有对象都可以访问同一组类变量。这意味着修改类变量会同时影响所有对象实例。

实例变量总是绑定到特定的对象实例。它的内容不存储在类上，而是存储在每个由类创建的单个对象上。因此实例变量的内容与每个对象实例相关，修改实例变量只会影响对应的对象实例。

好吧，这些描述相当抽象，下面来看一些代码。这里继续使用老掉牙的“狗狗示例”。出于某种原因，许多面向对象的教程总是使用汽车或宠物来举例说明，这个传统很难打破。

快乐的狗需要什么？四条腿和一个名字：

```
class Dog:
    num_legs = 4 # <- 类变量

    def __init__(self, name):
        self.name = name  # <- 实例变量
```

好吧，这就是用狗狗示例来描述的面向对象的形式。创建新的 `Dog` 实例能正常工作，并且每个实例都会获得一个名为 `name` 的实例变量：

```
>>> jack = Dog('Jack')
>>> jill = Dog('Jill')
>>> jack.name, jill.name
('Jack', 'Jill')
```

涉及类变量时就比较灵活了，在每个 `Dog` 实例或**类本身**上可以直接访问 `num_legs` 类变量：

```
>>> jack.num_legs, jill.num_legs
(4, 4)
>>> Dog.num_legs
4
```

然而，如果尝试通过类访问**实例**变量，会失败并抛出 `AttributeError`。实例变量是特定于每个对象实例的，在运行`__init__`构造函数时创建，并不位于类本身中。

这就是类变量和实例变量之间的核心区别：

```
>>> Dog.name
AttributeError:
"type object 'Dog' has no attribute 'name'"
```

好吧，到目前为止还行。

假如有一天，一只名为 Jack 的狗在吃晚餐时与微波炉靠得太近，发生变异又长出了一双腿，那么如何在代码中表示呢？

第一个想法可能是简单地修改 Dog 类中的 num_legs 变量：

```
>>> Dog.num_legs = 6
```

但记住，我们不希望**所有**的狗都开始用六条腿四处乱跑。由于修改了**类**变量，因此现在把所有的狗都变成了超级狗。这会影响到所有的狗，甚至是之前创建的狗：

```
>>> jack.num_legs, jill.num_legs
(6, 6)
```

所以这种方式不行，原因是修改**类名称空间**上的类变量会影响类的所有实例。现在撤销这个对类变量的改动，而是尝试仅向 Jack 添加额外两条腿：

```
>>> Dog.num_legs = 4
>>> jack.num_legs = 6
```

来看看这种方式创造了什么怪物：

```
>>> jack.num_legs, jill.num_legs, Dog.num_legs
(6, 4, 4)
```

好吧，看起来"相当不错"（除了可怜的 Jack 多了两条腿）。但这种改动是如何影响 Dog 对象的呢？

这里的难点在于，虽然得到了想要的结果（为 Jack 添加两条腿），但在 Jack 实例中引入了一个 num_legs 实例变量。而新的 num_legs 实例变量"遮盖"了相同名称的类变量，在访问对象实例作用域时覆盖并隐藏类变量：

```
>>> jack.num_legs, jack.__class__.num_legs
(6, 4)
```

从上面可以看到，类变量**没有同步更新**，这是因为写入到 jack.num_legs 创建了一个与类变量同名的**实例变量**。

这不一定是坏事，重要的是要意识到背后发生的事情。在最终了解 Python 中的类层面和实例层面的作用域规则之前，很容易因为这些问题在程序中引入 bug。

说实话，试图通过对象实例修改类变量时意外地创建了一个名称相同的实例变量，从而隐藏了原来的类变量。这有点像是 Python 中的一个 OOP 陷阱。

4.7.1　与狗无关的例子

在本节的写作过程中，没有狗受到伤害（这里只是为了描述起来更加生动有趣，并不能真的能为狗添加两条腿）。下面用一个更加实际的例子来介绍类变量的用途，在更接近实际的应用程序中使用类变量。

下面就来看这样一个例子，其中的 CountedObject 类记录了它在程序生命周期中实例化的次数（实际上这可能是一个有趣的性能指标）：

```
class CountedObject:
    num_instances = 0

    def __init__(self):
        self.__class__.num_instances += 1
```

CountedObject 保留一个用作共享计数器的 num_instances 类变量。当声明该类时，计数器初始化为零后就不再改变了。

每次创建此类的新实例时，会运行__init__构造函数并将共享计数器递增 1：

```
>>> CountedObject.num_instances
0
>>> CountedObject().num_instances
1
>>> CountedObject().num_instances
2
>>> CountedObject().num_instances
3
>>> CountedObject.num_instances
3
```

注意这段代码需要额外的__class__来确保增加的是类上的计数器变量，有时候很容易犯下面这种错误：

```
# 警告：这种实现有 bug

class BuggyCountedObject:
    num_instances = 0

    def __init__(self):
        self.num_instances += 1    # !!!
```

从中可以看到，这个糟糕的实现永远不会增加共享计数器变量：

```
>>> BuggyCountedObject.num_instances
0
>>> BuggyCountedObject().num_instances
1
>>> BuggyCountedObject().num_instances
1
```

```
>>> BuggyCountedObject().num_instances
1
>>> BuggyCountedObject.num_instances
0
```

相信你现在意识到哪里出错了。这个糟糕的实现永远不会增加共享计数器，因为我犯了在前面的 Jack 示例中已经解释的错误。这个实现不起作用，因为在构造函数中创建一个名称相同的实例变量，意外地“遮盖”了 `num_instance` 类变量。

代码先正确地计算了计数器的新值（从 0 增加到 1），然后将结果存储在实例变量中，因此该类的其他实例看不到修改后的计数器值。

不难看出这是一个易犯错误。在处理类上的共享状态时，应小心并仔细检查共享状态的作用范围。自动化测试和同行评审对此有很大帮助。

尽管类变量中有陷阱，但希望你能明白其优点以及如何在实践中使用。祝你好运！

4.7.2 关键要点

- 类变量用于类的所有实例之间共享数据。类变量属于一个类，在类的所有实例中共享，而不是属于某个特定的实例。
- 实例变量是特定于每个实例的数据，属于单个对象实例，不与类的其他实例共享。每个实例变量都针对特定实例单独存储了一份。
- 因为类变量可以被同名的实例变量“遮盖”，所以很容易（意外地）由于覆盖类变量而引入 bug 和奇怪的行为。

4.8 实例方法、类方法和静态方法揭秘

本节将深入探寻 Python 中的**类方法**、**静态方法**和普通**实例方法**。

在对这些方法之间的差异有直观的理解后，就能以面向对象的形式编写 Python 代码了，从而更清楚地传达代码的意图，而且从长远来看代码更易维护。

首先来编写一个类，其中包含这三种方法的简单示例（Python 3 版）：

```
class MyClass:
    def method(self):
        return 'instance method called', self

    @classmethod
    def classmethod(cls):
        return 'class method called', cls

    @staticmethod
```

```
    def staticmethod():
        return 'static method called'
```

Python 2 用户需要注意：从 Python 2.4 开始才可以使用`@staticmethod`和`@classmethod`装饰器，因此此后的版本才能运行这个示例。另外，还需要使用 `class MyClass(object)`这种语法来声明这是继承自 `object` 的新式类，而不是使用普通的 `class MyClass` 语法。除了这些之外就没有其他问题了。

4.8.1 实例方法

`MyClass` 上的第一种方法名为 `method`，这是一个普通的**实例方法**。代码中一般出现的都是这种简单基础的实例方法。`method` 方法需要一个参数 `self`，在调用时指向 `MyClass` 的一个实例。当然，实例方法可以接受多个参数。

实例方法通过 `self` 参数在同一个对象上自由访问该对象的其他属性和方法，因此特别适合修改对象的状态。

实例方法不仅可以修改对象状态，也可以通过 `self.__class__`属性访问类本身。这意味着实例方法也可以修改类的状态。

4.8.2 类方法

与第一种方法相比，第二种方法 `MyClass.classmethod` 使用了`@classmethod` 装饰器[①]，将其标记为**类方法**。

类方法并不接受 `self` 参数，而是在调用方法时使用 `cls` 参数指向类（不是对象实例）。

由于类方法只能访问这个 `cls` 参数，因此无法修改对象实例的状态，这需要用到 `self`。但类方法可以修改应用于类所有实例的类状态。

4.8.3 静态方法

第三种方法 `MyClass.staticmethod` 使用`@staticmethod` 装饰器[②]将其标记为**静态方法**。

这种类型的方法不接受 `self` 或 `cls` 参数，但可以接受任意数量的其他参数。

因此，静态方法不能修改对象状态或类状态，仅能访问特定的数据，主要用于声明属于某个命名空间的方法。

---

① 详见 Python 文档："`@classmethod`"。
② 详见 Python 文档："`@staticmethod`"。

4.8.4 在实践中探寻

到目前为止都是非常理论化的讨论，而重要的是在实践中直观地理解这些方法之间的区别，因此这里来介绍一些具体的例子。

让我们来看看调用这些方法时其各自的行为。首先创建一个类的实例，然后调用三种不同的方法。

MyClass 中进行了一些设置，其中每个方法的实现都会返回一个元组，包含当前方法的说明信息和该方法可访问的类或对象的内容。

以下是调用**实例方法**时的情况：

```
>>> obj = MyClass()
>>> obj.method()
('instance method called', <MyClass instance at 0x11a2>)
```

从中可以确认，名为 method 的实例方法可以通过 self 参数访问对象实例（输出为 <MyClass instance>）。

调用该方法时，Python 用实例对象 obj 替换 self 变量。如果不用 obj.method()这种点号调用语法糖，**手动传递实例对象也会获得相同的结果**：

```
>>> MyClass.method(obj)
('instance method called', <MyClass instance at 0x11a2>)
```

顺便说一下，在实例方法中也可以通过 self.__class__属性访问**类本身**。这使得实例方法在访问方面几乎没什么限制，可以自由修改对象实例和类本身的状态。

接下来尝试一下**类方法**：

```
>>> obj.classmethod()
('class method called', <class MyClass at 0x11a2>)
```

调用 classmethod()的结果表明其不能访问<MyClass instance>对象，只能访问<class MyClass>对象，这个对象用来表示类本身（Python 中一切皆为对象，类本身也是对象）。

注意，在调用 MyClass.classmethod()时，Python 自动将类作为第一个参数传递给该函数。在 Python 中用**点语法**（dot syntax）调用该方法就会触发这个行为。实例方法的 self 参数的工作方式也是如此。

注意，self 和 cls 这些参数的命名只是一个约定。你可以将其命名为 the_object 和 the_class，结果相同，只要这些参数位于相关方法中参数列表的第一个位置即可。

现在来调用**静态方法**：

```
>>> obj.staticmethod()
'static method called'
```

注意到没有，在对象上可以调用 staticmethod()。有些开发人员在得知可以在对象实例上调用静态方法时会感到惊讶。

从实现上来说，Python 在使用点语法调用静态方法时不会传入 self 或 cls 参数，从而限制了静态方法访问的内容。

这意味着静态方法既不能访问对象实例状态，也不能访问类的状态。静态方法与普通函数一样，但属于类（和每个实例）的名称空间。

现在不创建对象实例，看看在类本身上调用静态方法时会发生什么：

```
>>> MyClass.classmethod()
('class method called', <class MyClass at 0x11a2>)

>>> MyClass.staticmethod()
'static method called'

>>> MyClass.method()
TypeError: """unbound method method() must be
    called with MyClass instance as first
    argument (got nothing instead)"""
```

调用 classmethod()和 staticmethod()没有问题，但试图调用实例方法 method()会失败并出现 TypeError。

这是预料之中的。由于没有创建对象实例，而是直接在类蓝图（blueprint）上调用实例方法，意味着 Python 无法填充 self 参数，因此调用实例方法 method 会失败并抛出 TypeError 异常。

通过这些实验，你应该更清楚这三种方法类型之间的区别了。别担心，现在还不会结束这个话题。在接下来的两节中，还将用两个更接近实际的例子来使用这些特殊方法。

下面以前面的例子为基础，创建一个简单的 Pizza 类：

```
class Pizza:
    def __init__(self, ingredients):
        self.ingredients = ingredients

    def __repr__(self):
        return f'Pizza({self.ingredients!r})'

>>> Pizza(['cheese', 'tomatoes'])
Pizza(['cheese', 'tomatoes'])
```

4.8.5　使用@classmethod 的 Pizza 工厂类

如果你在现实世界中吃过比萨，那么就会知道比萨有很多种口味可供选择：

```
Pizza(['mozzarella', 'tomatoes'])
Pizza(['mozzarella', 'tomatoes', 'ham', 'mushrooms'])
Pizza(['mozzarella'] * 4)
```

几个世纪以前，意大利人就对比萨进行了分类，所以这些美味的比萨饼都有自己的名字。下面根据这个特性为 `Pizza` 类提供更好的接口，让用户能创建所需的比萨对象。

使用类方法作为工厂函数[1]能够简单方便地创建不同种类的比萨：

```
class Pizza:
    def __init__(self, ingredients):
        self.ingredients = ingredients

    def __repr__(self):
        return f'Pizza({self.ingredients!r})'

    @classmethod
    def margherita(cls):
        return cls(['mozzarella', 'tomatoes'])

    @classmethod
    def prosciutto(cls):
        return cls(['mozzarella', 'tomatoes', 'ham'])
```


注意我们在 `margherita` 和 `prosciutto` 工厂方法中使用了 `cls` 参数，而没有直接调用 `Pizza` 构造函数。

这个技巧遵循了“不要重复自己”（DRY）[2]原则。如果打算在将来重命名这个类，就不必更新所有工厂函数中的构造函数名称。

那么这些工厂方法能做什么？来尝试一下：

```
>>> Pizza.margherita()
Pizza(['mozzarella', 'tomatoes'])

>>> Pizza.prosciutto()
Pizza(['mozzarella', 'tomatoes', 'ham'])
```

从中可以看到，工厂函数创建的新 `Pizza` 对象按照期望的方式进行了配置，这些函数在内部都使用相同的`__init__`构造函数，作为一种快捷的方式来记录不同的配方。

从另一个角度来说，这些类方法为类定义了额外的构造函数。

Python 只允许每个类有一个`__init__`方法。使用类方法可以按需添加额外的构造函数，使得类的接口在一定程度上能做到“自说明”，同时简化了类的使用。

---

① 详见维基百科：“工厂（面向对象编程）”。

② 详见维基百科：“Don’t repeat yourself”。

4.8.6 什么时候使用静态方法

为这个主题提供一个好例子有点难，所以继续使用前面的比萨例子，把比萨烤得越来越薄……（要流口水了！）

下面是我想到的：

```
import math

class Pizza:
    def __init__(self, radius, ingredients):
        self.radius = radius
        self.ingredients = ingredients

    def __repr__(self):
        return (f'Pizza({self.radius!r}, '
                f'{self.ingredients!r})')

    def area(self):
        return self.circle_area(self.radius)

    @staticmethod
    def circle_area(r):
        return r ** 2 * math.pi
```

这里做了哪些改动呢？

首先，修改了构造函数和`__repr__`以接受额外的`radius`参数。

其次，添加了一个`area()`实例方法用于计算并返回比萨的面积。虽然这里更适合使用`@property`装饰器，不过对于这个简单的示例来说，那么做的话就有些大动干戈了。

`area()`并没有直接计算面积，而是调用`circle_area()`静态方法，后者使用众所周知的圆面积公式来计算。

下面来试试吧！

```
>>> p = Pizza(4, ['mozzarella', 'tomatoes'])
>>> p
Pizza(4, {self.ingredients})
>>> p.area()
50.26548245743669
>>> Pizza.circle_area(4)
50.26548245743669
```

当然这仍然是一个简单的例子，不过有助于说明静态方法的好处。

之前已经介绍了，静态方法不能访问类或实例的状态，因为静态方法不会接受`cls`或`self`参数。这是一个很大的局限性，但也很好地表明了静态方法与类的其他所有内容都无关。

在上面的例子中，很明显 `circle_area()`不能以任何方式修改类或类实例。（当然，你可以用全局变量来解决这个问题，不过这不是重点。）

那么这种功能有什么用呢？

将方法标记为静态方法不仅是一种提示，告诉大家这个方法不会修改类或实例状态，而且从上面可以看到，Python 运行时也会实际落实这些限制。

通过这样的技术可以清晰地识别出类架构的各个部分，因而新的开发工作能够很自然地分配到对应的部分中。虽然不遵守这种限制也没什么大问题，但在实践中常常能避免与原始设计相悖的意外修改。

换句话说，使用静态方法和类方法不仅能传达开发人员的意图，还能够强制贯彻设计思路，避免许多心不在焉的错误以及会破坏设计的 bug。

因此请谨慎地按需使用静态方法，添加静态方法对代码维护有好处，能避免其他开发人员误用你的类。

静态方法也有助于编写测试代码。由于 `circle_area()`方法与类的其余部分完全独立，因此测试起来更加容易。

在单元测试中测试静态方法时不需要建立完整的类实例，可以像测试普通函数那样直接测试静态方法。这不仅简化了维护，而且在面向对象和面向过程的编程风格之间建立了联系。

4.8.7 关键要点

- 实例方法需要一个类实例，可以通过 `self` 访问实例。
- 类方法不需要类实例，不能访问实例（`self`），但可以通过 `cls` 访问类本身。
- 静态方法不能访问 `cls` 或 `self`，其作用和普通函数相同，但属于类的名称空间。
- 静态方法和类方法能（在一定程度上）展示和贯彻开发人员对类的设计意图，有助于代码维护。

第 5 章

Python 中常见的数据结构

有没有什么是每个 Python 开发者都应该进一步练习和学习的呢？

那就是数据结构。数据结构是构建程序的基础。各个数据结构在组织方式上有自己的特点，以便在不同情况下高效访问数据。

我相信无论程序员的技术水平或经验如何，掌握一些基本功总是有好处的。

我并不主张只专注于掌握更多的数据结构知识，这是一种“失效模式”（failure mode），只会让人陷入假想理论上的幻境，而不会带来任何实际的结果。

不过花一些时间来补习数据结构（和算法）的知识总会有好处。

无论是花几天时间“突击”，还是利用零碎的时间持续学习，在数据结构上下点功夫都是值得的。

那么 Python 中有哪些数据结构呢？列表、字典、集合，还有……栈？Python 有栈吗？

看到没？Python 在其标准库中提供了大量的数据结构，但问题在于各自的命名有点词不达意。

举例来说，很多人甚至不清楚 Python 是否具体实现了像栈这样著名的“抽象数据类型”。相比之下，Java 等其他语言则更“计算机科学化”，其中的命名很明确。比如，Java 中的列表还细分成了 `LinkedList` 和 `ArrayList`。

这种细分的命名便于我们识别各个数据类型的预期行为和计算复杂度。Python 也倾向于使用简单且“人性化”的命名方案。我喜欢 Python 的方案，因为人性化也是 Python 编程更有趣的原因之一。

这种方案的缺点在于，即使是经验丰富的 Python 开发人员，也不清楚内置的列表类型是以链表还是动态数组实现的。如果需要用到这些知识却没有掌握，则会让人感到沮丧，也可能导致面试被拒。

本章将介绍 Python 及其标准库内置的基本数据结构和抽象数据类型的实现。

我的目标是阐释常见的抽象数据类型在 Python 中对应的名称及实现，并逐个进行简单的介绍。这些内容也会帮助你在 Python 面试中大放异彩。

如果你正在寻找一本能够用来温习通用数据结构知识的好书，我强烈推荐 Steven S. Skiena 的《算法设计手册》。

这本书介绍了各种数据结构及其各自在不同算法中的实际应用，并在这两个方面之间取得了很好的平衡。它对我编写本章提供了很大的帮助。

5.1　字典、映射和散列表

在 Python 中，字典是核心数据结构。字典可以存储任意数量的对象，每个对象都由唯一的字典**键**标识。

字典通常也被称为**映射**、**散列表**、**查找表**或**关联数组**。字典能够高效查找、插入和删除任何与给定键关联的对象。

这在现实中意味着什么呢？字典对象相当于现实世界中的电话簿。

> 电话簿有助于快速检索与给定键（人名）相关联的信息（电话号码）。因此不必为了查找某人的号码而浏览整本电话簿，根据人名基本上就能直接跳到需要查找的相关信息。

5

若想研究以何种方式组织信息才有利于快速检索，上述类比就不那么贴切了。但基本性能特征相同，即字典能够用来快速查找与给定键相关的信息。

总之，字典是计算机科学中最常用且最重要的数据结构之一。

那么 Python 如何处理字典呢？

我们来看看 Python 及其标准库中可用的字典实现。

5.1.1　`dict`——首选字典实现

由于字典非常重要，因此 Python 直接在语言核心中实现了一个稳健的字典[①]：`dict` 数据类型[②]。

Python 还提供了一些有用的“语法糖”来处理程序中的字典。例如，用花括号字典表达式语法和字典解析式能够方便地创建新的字典对象：

---

① 为了与其他资料统一，这里将不区分中文语境下的 `dict`（字典）和“字典类型的数据结构”，统称为“字典”。——译者注

② 详见 Python 文档：“Mapping Types — `dict`”。

```
phonebook = {
    'bob': 7387,
    'alice': 3719,
    'jack': 7052,
}

squares = {x: x * x for x in range(6)}

>>> phonebook['alice']
3719

>>> squares
{0: 0, 1: 1, 2: 4, 3: 9, 4: 16, 5: 25}
```

关于哪些对象可以作为字典键，有一些限制。

Python 的字典由可散列类型[①]的键来索引。可散列对象具有在其生命周期中永远不会改变的散列值（参见`__hash__`），并且可以与其他对象进行比较（参见`__eq__`）。另外，相等的可散列对象，其散列值必然相同。

像字符串和数这样的不可变类型是可散列的，它们可以很好地用作字典键。元组对象也可以用作字典键，但这些元组本身必须只包含可散列类型。

Python 的内置字典实现可以应对大多数情况。字典是高度优化的，并且是 Python 语言的基石，例如栈帧中的类属性和变量都存储在字典中。

Python 字典基于经过充分测试和精心调整过的散列表实现，提供了符合期望的性能特征。一般情况下，用于查找、插入、更新和删除操作的时间复杂度都为 $O(1)$。

大部分情况下，应该使用 Python 自带的标准字典实现。但是也存在专门的第三方字典实现，例如跳跃表[②]或基于 B 树的字典。

除了通用的 `dict` 对象外，Python 的标准库还包含许多特殊的字典实现。它们都基于内置的字典类，基本性能特征相同，但添加了其他一些便利特性。

下面来逐个了解一下。

5.1.2 `collections.OrderedDict`——能记住键的插入顺序

`collections.OrderedDict`[③]是特殊的 `dict` 子类，该类型会记录添加到其中的键的插入顺序。

① 详见 Python 文档词汇表：“Hashable”。

② 一种数据结构，详见 http://www.cl.cam.ac.uk/teaching/0506/Algorithms/skiplists.pdf。——译者注

③ 详见 Python 文档：“`collections.OrderedDict`”。

尽管在 CPython 3.6 及更高版本中，标准的字典实现也能保留键的插入顺序，但这只是 CPython 实现的一个副作用，直到 Python 3.7 才将这种特性固定下来了。[1]因此，如果在自己的工作中很需要用到键顺序，最好明确使用 OrderedDict 类。

顺便说一句，OrderedDict 不是内置的核心语言部分，因此必须从标准库中的 collections 模块导入。

```
>>> import collections
>>> d = collections.OrderedDict(one=1, two=2, three=3)

>>> d
OrderedDict([('one', 1), ('two', 2), ('three', 3)])

>>> d['four'] = 4
>>> d
OrderedDict([('one', 1), ('two', 2),
             ('three', 3), ('four', 4)])

>>> d.keys()
odict_keys(['one', 'two', 'three', 'four'])
```

5.1.3 collections.defaultdict——为缺失的键返回默认值

defaultdict 是另一个 dict 子类，其构造函数接受一个可调用对象，查找时如果找不到给定的键，就返回这个可调用对象。[2]

与使用 get()方法或在普通字典中捕获 KeyError 异常相比，这种方式的代码较少，并能清晰地表达出程序员的意图。

```
>>> from collections import defaultdict
>>> dd = defaultdict(list)

# 访问缺失的键就会用默认工厂方法创建它并将其初始化
# 在本例中工厂方法为 list():
>>> dd['dogs'].append('Rufus')
>>> dd['dogs'].append('Kathrin')
>>> dd['dogs'].append('Mr Sniffles')

>>> dd['dogs']
['Rufus', 'Kathrin', 'Mr Sniffles']
```

5.1.4 collections.ChainMap——搜索多个字典

collections.ChainMap 数据结构将多个字典分组到一个映射中[3]，在查找时逐个搜索底层

---

① 详见 CPython 邮件列表。
② 详见 Python 文档："collections.defaultdict"。
③ 详见 Python 文档："collections.ChainMap"。

映射，直到找到一个符合条件的键。对 ChainMap 进行插入、更新和删除操作，只会作用于其中的第一个字典。

```
>>> from collections import ChainMap
>>> dict1 = {'one': 1, 'two': 2}
>>> dict2 = {'three': 3, 'four': 4}
>>> chain = ChainMap(dict1, dict2)

>>> chain
ChainMap({'one': 1, 'two': 2}, {'three': 3, 'four': 4})

# ChainMap 在内部从左到右逐个搜索，
# 直到找到对应的键或全部搜索完毕：
>>> chain['three']
3
>>> chain['one']
1
>>> chain['missing']
KeyError: 'missing'
```

5.1.5 types.MappingProxyType——用于创建只读字典

MappingProxyType 封装了标准的字典，为封装的字典数据提供只读视图。[①]该类添加自 Python 3.3，用来创建字典不可变的代理版本。

举例来说，如果希望返回一个字典来表示类或模块的内部状态，同时禁止向该对象写入内容，此时 MappingProxyType 就能派上用场。使用 MappingProxyType 无须创建完整的字典副本。

```
>>> from types import MappingProxyType
>>> writable = {'one': 1, 'two': 2}
>>> read_only = MappingProxyType(writable)

# 代理是只读的：
>>> read_only['one']
1
>>> read_only['one'] = 23
TypeError:
"'mappingproxy' object does not support item assignment"

# 更新原字典也会影响到代理：
>>> writable['one'] = 42
>>> read_only
mappingproxy({'one': 42, 'two': 2})
```

5.1.6 Python 中的字典：总结

本节列出的所有 Python 字典实现都是内置于 Python 标准库中的有效实现。

① 详见 Python 文档：“types.MappingProxyType”。

一般情况下，建议在自己的程序中使用内置的 `dict` 数据类型。这是优化过的散列表实现，功能多且已被直接内置到了核心语言中。

如果你有内置 `dict` 无法满足的特殊需求，那么建议使用本节列出的其他数据类型。

虽然前面列出的其他字典实现均可用，但大多数情况下都应该使用 Python 内置的标准 `dict`，这样其他开发者在维护你的代码时就会轻松一点。

5.1.7 关键要点

- 字典是 Python 中的核心数据结构。
- 大部分情况下，内置的 `dict` 类型就足够了。
- Python 标准库提供了用于满足特殊需求的实现，比如只读字典或有序字典。

5.2 数组数据结构

大多数编程语言中都有数组这种基本数据结构，它在许多算法中都有广泛的运用。

本节将介绍 Python 中的一些数组实现，这些数组只用到了语言的核心特性或 Python 标准库包含的功能。

本章还会介绍每种实现的优缺点，这样就能根据实际情况选择合适的实现。不过在介绍之前，先来了解一些基础知识。

首先要知道数组的原理及用途。

数组由大小固定的数据记录组成，根据索引能快速找到其中的每个元素。

因为数组将信息存储在依次连接的内存块中，所以它是**连续**的数据结构（与链式列表等链式数据结构不同）。

现实世界中能用来类比数组数据结构的是停车场。

> 停车场可被视为一个整体，即单个对象，但停车场内的每个停车位都有唯一的编号索引。停车位是车辆的容器，每个停车位既可以为空，也可以停有汽车、摩托车或其他车辆。

各个停车场之间也会有区别。

> 有些停车场可能只能停一种类型的车辆。例如，汽车停车场不允许停放自行车。这种“有限制”的停车场相当于“类型数组”数据结构，只允许存储相同数据类型的元素。

5

在性能方面，根据元素的索引能快速查找数组中对应的元素。合理的数组实现能够确保索引访问的耗时为常量时间 $O(1)$。

Python 标准库包含几个与数组相似的数据结构，每个数据结构的特征略有不同。下面来逐一介绍。

5.2.1　列表——可变动态数组

列表是 Python 语言核心的一部分。[①]虽然名字叫列表，但它实际上是以**动态数组**实现的。这意味着列表能够添加或删除元素，还能分配或释放内存来自动调整存储空间。

Python 列表可以包含任意元素，因为 Python 中一切皆为对象，连函数也是对象。因此，不同的数据类型可以混合存储在一个列表中。

这个功能很强大，但缺点是同时支持多种数据类型会导致数据存储得不是很紧凑。因此整个结构占据了更多的空间。[②]

```
>>> arr = ['one', 'two', 'three']
>>> arr[0]
'one'

# 列表拥有不错的__repr__方法：
>>> arr
['one', 'two', 'three']

# 列表是可变的：
>>> arr[1] = 'hello'
>>> arr
['one', 'hello', 'three']

>>> del arr[1]
>>> arr
['one', 'three']

# 列表可以含有任意类型的数据：
>>> arr.append(23)
>>> arr
['one', 'three', 23]
```

5.2.2　元组——不可变容器

与列表一样，元组也是 Python 语言核心的一部分。[③]与列表不同的是，Python 的元组对象是

① 详见 Python 文档："list"。

② 本质上是因为列表中存储的是 PyObject 指针，指向不同的对象。然而数组是直接存放数据本身。后面类似内容不再提醒，还请读者注意。——译者注

③ 详见 Python 文档："tuple"。

不可变的。这意味着不能动态添加或删除元素，元组中的所有元素都必须在创建时定义。

就像列表一样，元组可以包含任意数据类型的元素。这具有很强的灵活性，但也意味着数据的打包密度要比固定类型的数组小。

```
>>> arr = 'one', 'two', 'three'
>>> arr[0]
'one'

# 元组拥有不错的__repr__方法：
>>> arr
('one', 'two', 'three')

# 元组是不可变的
>>> arr[1] = 'hello'
TypeError:
"'tuple' object does not support item assignment"

>>> del arr[1]
TypeError:
"'tuple' object doesn't support item deletion"

# 元组可以持有任意类型的数据：
# (添加元素会创建新元组)
>>> arr + (23,)
('one', 'two', 'three', 23)
```

5

5.2.3 array.array——基本类型数组

Python 的 array 模块占用的空间较少，用于存储 C 语言风格的基本数据类型（如字节、32 位整数，以及浮点数等）。

使用 array.array 类创建的数组是可变的，行为与列表类似。但有一个重要的区别：这种数组是单一数据类型的“类型数组”。[①]

由于这个限制，含有多个元素的 array.array 对象比列表和元组节省空间。存储在其中的元素紧密排列，因此适合存储许多相同类型的元素。

此外，数组中有许多普通列表中也含有的方法，使用方式也相同，无须对应用程序代码进行其他更改。

```
>>> import array
>>> arr = array.array('f', (1.0, 1.5, 2.0, 2.5))
>>> arr[1]
1.5
```

① 详见 Python 文档：“array.array”。

```
# 数组拥有不错的__repr__方法:
>>> arr
array('f', [1.0, 1.5, 2.0, 2.5])

# 数组是可变的:
>>> arr[1] = 23.0
>>> arr
array('f', [1.0, 23.0, 2.0, 2.5])

>>> del arr[1]
>>> arr
array('f', [1.0, 2.0, 2.5])

>>> arr.append(42.0)
>>> arr
array('f', [1.0, 2.0, 2.5, 42.0])

# 数组中元素类型是固定的:
>>> arr[1] = 'hello'
TypeError: "must be real number, not str"
```

5.2.4　str——含有 Unicode 字符的不可变数组

Python 3.x 使用 str 对象将文本数据存储为不可变的 Unicode 字符序列。[1]实际上，这意味着 str 是不可变的字符数组。说来也怪，str 也是一种递归的数据结构，字符串中的每个字符都是长度为 1 的 str 对象。

由于字符串对象专注于单一数据类型，元组排列紧密，因此很节省空间，适合用来存储 Unicode 文本。因为字符串在 Python 中是不可变的，所以修改字符串需要创建一个改动副本。最接近“可变字符串”概念的是存储单个字符的列表。

```
>>> arr = 'abcd'
>>> arr[1]
'b'

>>> arr
'abcd'

# 字符串是不可变的:
>>> arr[1] = 'e'
TypeError:
"'str' object does not support item assignment"

>>> del arr[1]
TypeError:
"'str' object doesn't support item deletion"

# 字符串可以解包到列表中，从而得到可变版本:
```

① 详见 Python 文档：“str”。

```
>>> list('abcd')
['a', 'b', 'c', 'd']
>>> ''.join(list('abcd'))
'abcd'

# 字符串是递归型数据类型:
>>> type('abc')
"<class 'str'>"
>>> type('abc'[0])
"<class 'str'>"
```

5.2.5 bytes——含有单字节的不可变数组

bytes 对象是单字节的不可变序列，单字节为 0 ~ 255（含）范围内的整数。[①]从概念上讲，bytes 与 str 对象类似，可认为是不可变的字节数组。

与字符串一样，也有专门用于创建 bytes 对象的字面语法，bytes 也很节省空间。bytes 对象是不可变的，但与字符串不同，还有一个名为 bytearray 的专用“可变字节数组”数据类型，bytes 可以解包到 bytearray 中。下一节将介绍更多关于 bytearray 的内容。

```
>>> arr = bytes((0, 1, 2, 3))
>>> arr[1]
1

# bytes 有自己的语法:
>>> arr
b'\x00\x01\x02\x03'
>>> arr = b'\x00\x01\x02\x03'

# bytes 必须位于 0~255:
>>> bytes((0, 300))
ValueError: "bytes must be in range(0, 256)"

# bytes 是不可变的:
>>> arr[1] = 23
TypeError:
"'bytes' object does not support item assignment"

>>> del arr[1]
TypeError:
"'bytes' object doesn't support item deletion"
```

5.2.6 bytearray——含有单字节的可变数组

bytearray 类型是可变整数序列[②]，包含的整数范围在 0 ~ 255（含）。bytearray 与 bytes 对象关系密切，主要区别在于 bytearray 可以自由修改，如覆盖、删除现有元素和添加新元素，此时 bytearray 对象将相应地增长和缩小。

---

① 详见 Python 文档：“bytes”。

② 详见 Python 文档：“bytearray”。

bytearray 数可以转换回不可变的 bytes 对象，但是这需要复制所存储的数据，是耗时为 $O(n)$的慢操作。

```
>>> arr = bytearray((0, 1, 2, 3))
>>> arr[1]
1

# bytearray 的 repr:
>>> arr
bytearray(b'\x00\x01\x02\x03')

# bytearray 是可变的:
>>> arr[1] = 23
>>> arr
bytearray(b'\x00\x17\x02\x03')

>>> arr[1]
23

# bytearray 可以增长或缩小:
>>> del arr[1]
>>> arr
bytearray(b'\x00\x02\x03')

>>> arr.append(42)
>>> arr
bytearray(b'\x00\x02\x03*')

# bytearray 只能持有 byte，即位于 0～255 范围内的整数
>>> arr[1] = 'hello'
TypeError: "an integer is required"

>>> arr[1] = 300
ValueError: "byte must be in range(0, 256)"

# bytearray 可以转换回 byte 对象，此过程会复制数据:
>>> bytes(arr)
b'\x00\x02\x03*'
```

5.2.7　关键要点

Python 中有多种内置数据结构可用来实现数组，本节只专注位于标准库中和核心语言特性中的数据结构。

如果不想局限于 Python 标准库，那么从 NumPy 这样的第三方软件包中可找到为科学计算和数据科学提供的许多快速数组实现。

对于 Python 中包含的数组数据结构，选择顺序可归结如下。

如果需要存储任意对象，且其中可能含有混合数据类型，那么可以选择使用列表或元组，前者可变后者不可变。

如果存储数值（整数或浮点数）数据并要求排列紧密且注重性能，那么先尝试 `array.array`，看能否满足要求。另外可尝试准库之外的软件包，如 NumPy 或 Pandas。

如果有需要用 Unicode 字符表示的文本数据，那么可以使用 Python 内置的 `str`。如果需要用到“可变字符串”，则请使用字符列表。

如果想存储一个连续的字节块，不可变的请使用 `bytes`，可变的请使用 `bytearray`。

总之，在大多数情况下首先应尝试列表。如果在性能或存储空间上有问题，再选择其他专门的数据类型。一般像列表这样通用的数组型数据结构已经能同时兼顾开发速度和编程便利性的要求了。

强烈建议在初期使用通用数据格式，不要试图在一开始就榨干所有性能。

5.3 记录、结构体和纯数据对象

与数组相比，记录数据结构中的字段数目固定，每个都有一个名称，类型也可以不同。

本节将介绍 Python 中的记录、结构体，以及“纯数据对象”[①]，但只介绍标准库中含有的内置数据类型和类。

顺便说一句，这里的“记录”定义很宽泛。例如，这里也会介绍像 Python 的内置元组这样的类型。由于元组中的字段没有名称，因此一般不认为它是严格意义上的记录。

Python 提供了几种可用于实现记录、结构体和数据传输对象的数据类型。本节将快速介绍每个实现及各自特性，最后进行总结并给出一个决策指南，用来帮你做出自己的选择。

好吧，让我们开始吧！

5.3.1 字典——简单数据对象

Python 字典能存储任意数量的对象，每个对象都由唯一的键来标识。[②]字典也常常称为**映射**或**关联数组**，能高效地根据给定的键查找、插入和删除所关联的对象。

Python 的字典还可以作为记录数据类型（record data type）或数据对象来使用。在 Python 中创建字典很容易，因为语言内置了创建字典的语法糖，简洁又方便。

① 指只含有数据本身，不含有业务逻辑的数据类型，参见 https://en.wikipedia.org/wiki/Plain_old_Java_object。——译者注

② 详见 Python 文档“Dictionaries, Maps, and Hashtables”一章。

字典创建的数据对象是可变的，同时由于可以随意添加和删除字段，因此对字段名称几乎没有保护措施。这些特性综合起来可能会引入令人惊讶的 bug，毕竟要在便利性和避免错误之间做出取舍。

```
car1 = {
    'color': 'red',
    'mileage': 3812.4,
    'automatic': True,
}
car2 = {
    'color': 'blue',
    'mileage': 40231,
    'automatic': False,
}

# 字典有不错的__repr__方法：
>>> car2
{'color': 'blue', 'automatic': False, 'mileage': 40231}

# 获取 mileage：
>>> car2['mileage']
40231

# 字典是可变的：
>>> car2['mileage'] = 12
>>> car2['windshield'] = 'broken'
>>> car2
{'windshield': 'broken', 'color': 'blue',
 'automatic': False, 'mileage': 12}

# 对于提供错误、缺失和额外的字段名称并没有保护措施：
car3 = {
    'colr': 'green',
    'automatic': False,
    'windshield': 'broken',
}
```

5.3.2　元组——不可变对象集合

Python 元组是简单的数据结构，用于对任意对象进行分组。[1]元组是不可变的，创建后无法修改。

在性能方面，元组占用的内存略少于 CPython 中的列表[2]，构建速度也更快。

从如下反汇编的字节码中可以看到，构造元组常量只需要一个 `LOAD_CONST` 操作码，而构

① 详见 Python 文档："tuple"。

② 详见 CPython 源码：`tupleobject.c` 和 `listobject.c`

造具有相同内容的列表对象则需要多个操作：

```
>>> import dis
>>> dis.dis(compile("(23, 'a', 'b', 'c')", '', 'eval'))
      0 LOAD_CONST           4 ((23, 'a', 'b', 'c'))
      3 RETURN_VALUE

>>> dis.dis(compile("[23, 'a', 'b', 'c']", '', 'eval'))
      0 LOAD_CONST           0 (23)
      3 LOAD_CONST           1 ('a')
      6 LOAD_CONST           2 ('b')
      9 LOAD_CONST           3 ('c')
     12 BUILD_LIST           4
     15 RETURN_VALUE
```

不过你无须过分关注这些差异。在实践中这些性能差异通常可以忽略不计，试图通过用元组替换列表来获得额外的性能提升一般都是入了歧途。

单纯的元组有一个潜在缺点，即存储在其中的数据只能通过整数索引来访问，无法为元组中存储的单个属性制定一个名称，从而影响了代码的可读性。

此外，元组总是一个单例模式的结构，很难确保两个元组存储了相同数量的字段和相同的属性。

这样很容易因疏忽而犯错，比如弄错字段顺序。因此，建议尽可能减少元组中存储的字段数量。

```
# 字段：color、mileage、automatic
>>> car1 = ('red', 3812.4, True)
>>> car2 = ('blue', 40231.0, False)

# 元组的实例有不错的__repr__方法：
>>> car1
('red', 3812.4, True)
>>> car2
('blue', 40231.0, False)

# 获取mileage:
>>> car2[1]
40231.0

# 元组是不可变的：
>>> car2[1] = 12
TypeError:
"'tuple' object does not support item assignment"

# 对于错误或额外的字段，以及提供错误的字段顺序，并没有报错措施：
>>> car3 = (3431.5, 'green', True, 'silver')
```

5.3.3 编写自定义类——手动精细控制

类可用来为数据对象定义可重用的“蓝图”（blueprint），以确保每个对象都提供相同的字段。

普通的 Python 类可作为记录数据类型，但需要手动完成一些其他实现中已有的便利功能。例如，向`__init__`构造函数添加新字段就很烦琐且耗时。

此外，对于从自定义类实例化得到的对象，其默认的字符串表示形式没什么用。解决这个问题需要添加自己的`__repr__`方法。[①]这个方法通常很冗长，每次添加新字段时都必须更新。

存储在类上的字段是可变的，并且可以随意添加新字段。使用`@property`装饰器[②]能创建只读字段，并获得更多的访问控制，但是这又需要编写更多的胶水代码。

编写自定义类适合将业务逻辑和行为添加到记录对象中，但这意味着这些对象在技术上不再是普通的纯数据对象。

```
class Car:
    def __init__(self, color, mileage, automatic):
        self.color = color
        self.mileage = mileage
        self.automatic = automatic

>>> car1 = Car('red', 3812.4, True)
>>> car2 = Car('blue', 40231.0, False)

# 获取 mileage:
>>> car2.mileage
40231.0

# 类是可变的:
>>> car2.mileage = 12
>>> car2.windshield = 'broken'

# 类的默认字符串形式没多大用处，必须手动编写一个__repr__方法:
>>> car1
<Car object at 0x1081e69e8>
```

5.3.4 `collections.namedtuple`——方便的数据对象

自 Python 2.6 以来添加的 `namedtuple` 类扩展了内置元组数据类型。[③]与自定义类相似，`namedtuple` 可以为记录定义可重用的“蓝图”，以确保每次都使用正确的字段名称。

与普通的元组一样，namedtuple 是不可变的。这意味着在创建 namedtuple 实例之后就不能再添加新字段或修改现有字段。

---

① 详见 4.2 节。

② 详见 Python 文档：“property”。

③ 详见 4.6 节。

除此之外，namedtuple 就相当于具有名称的元组。存储在其中的每个对象都可以通过唯一标识符访问。因此无须整数索引，也无须使用变通方法，比如将整数常量定义为索引的助记符。

namedtuple 对象在内部是作为普通的 Python 类实现的，其内存占用优于普通的类，和普通元组一样高效：

```
>>> from collections import namedtuple
>>> from sys import getsizeof

>>> p1 = namedtuple('Point', 'x y z')(1, 2, 3)
>>> p2 = (1, 2, 3)

>>> getsizeof(p1)
72
>>> getsizeof(p2)
72
```

由于使用 namedtuple 就必须更好地组织数据，因此无意中清理了代码并让其更加易读。

我发现从专用的数据类型（例如固定格式的字典）切换到 namedtuple 有助于更清楚地表达代码的意图。通常，每当我在用 namedtuple 重构应用时，都神奇地为代码中的问题想出了更好的解决办法。

用 namedtuple 替换普通（非结构化的）元组和字典还可以减轻同事的负担，因为用 namedtuple 传递的数据在某种程度上能做到“自说明”。


```
>>> from collections import namedtuple
>>> Car = namedtuple('Car' , 'color mileage automatic')
>>> car1 = Car('red', 3812.4, True)

# 实例有不错的__repr__方法：
>>> car1
Car(color='red', mileage=3812.4, automatic=True)

# 访问字段：
>>> car1.mileage
3812.4

# 字段是不可变的：
>>> car1.mileage = 12
AttributeError: "can't set attribute"
>>> car1.windshield = 'broken'
AttributeError:
"'Car' object has no attribute 'windshield'"
```

5.3.5 typing.NamedTuple——改进版 namedtuple

这个类添加自 Python 3.6，是 collections 模块中 namedtuple 类的姊妹。[①]它与 namedtuple

① 详见 Python 文档：“typing.NamedTuple”。

非常相似，主要区别在于用新语法来定义记录类型并支持类型注解（type hint）。

注意，只有像 mypy 这样独立的类型检查工具才会在意类型注解。不过即使没有工具支持，类型注解也可帮助其他程序员更好地理解代码（如果类型注解没有随代码及时更新则会带来混乱）。

```
>>> from typing import NamedTuple

class Car(NamedTuple):
    color: str
    mileage: float
    automatic: bool

>>> car1 = Car('red', 3812.4, True)

# 实例有不错的__repr__方法：
>>> car1
Car(color='red', mileage=3812.4, automatic=True)

# 访问字段：
>>> car1.mileage
3812.4

# 字段是不可变的：
>>> car1.mileage = 12
AttributeError: "can't set attribute"
>>> car1.windshield = 'broken'
AttributeError:
"'Car' object has no attribute 'windshield'"

# 只有像 mypy 这样的类型检查工具才会落实类型注解：
>>> Car('red', 'NOT_A_FLOAT', 99)
Car(color='red', mileage='NOT_A_FLOAT', automatic=99)
```

5.3.6　struct.Struct——序列化 C 结构体

`struct.Struct` 类[①]用于在 Python 值和 C 结构体之间转换，并将其序列化为 Python 字节对象。例如可以用来处理存储在文件中或来自网络连接的二进制数据。

结构体使用与格式化字符串类似的语法来定义，能够定义并组织各种 C 数据类型（如 `char`、`int`、`long`，以及对应的无符号的变体）。

序列化结构体一般不用来表示只在 Python 代码中处理的数据对象，而是主要用作数据交换格式。

在某些情况下，与其他数据类型相比，将原始数据类型打包到结构体中占用的内存较少。但大多数情况下这都属于高级（且可能不必要的）优化。

① 详见 Python 文档：“`struct.Struct`”。

```
>>> from struct import Struct
>>> MyStruct = Struct('i?f')
>>> data = MyStruct.pack(23, False, 42.0)

# 得到的是一团内存中的数据:
>>> data
b'\x17\x00\x00\x00\x00\x00\x00\x00\x00(B'

# 数据可以再次解包:
>>> MyStruct.unpack(data)
(23, False, 42.0)
```

5.3.7　types.SimpleNamespace——花哨的属性访问

这里再介绍一种高深的方法来在 Python 中创建数据对象：types.SimpleNamespace[①]。该类添加自 Python 3.3，可以用属性访问的方式访问其名称空间。

也就是说，SimpleNamespace 实例将其中的所有键都公开为类属性。因此访问属性时可以使用 obj.key 这样的点式语法，不需要用普通字典的 obj['key'] 方括号索引语法。所有实例默认都包含一个不错的__repr__。

正如其名，SimpleNamespace 很简单，基本上就是扩展版的字典，能够很好地访问属性并以字符串打印出来，还能自由地添加、修改和删除属性。

```
>>> from types import SimpleNamespace
>>> car1 = SimpleNamespace(color='red',
...                        mileage=3812.4,
...                        automatic=True)

# 默认的__repr__效果:
>>> car1
namespace(automatic=True, color='red', mileage=3812.4)

# 实例支持属性访问并且是可变的:
>>> car1.mileage = 12
>>> car1.windshield = 'broken'
>>> del car1.automatic
>>> car1
namespace(color='red', mileage=12, windshield='broken')
```

5.3.8　关键要点

那么在 Python 中应该使用哪种类型的数据对象呢？从上面可以看到，Python 中有许多不同的方法实现记录或数据对象，使用哪种方式通常取决于具体的情况。

如果只有两三个字段，字段顺序易于记忆或无须使用字段名称，则使用简单元组对象。例如

① 详见 Python 文档："types.SimpleNamespace"。

三维空间中的(x, y, z)点。

如果需要实现含有不可变字段的数据对象，则使用 collections.namedtuple 或 typing.NamedTuple 这样的简单元组。

如果想锁定字段名称来避免输入错误，同样建议使用 collections.namedtuple 和 typing.NamedTuple。

如果希望保持简单，建议使用简单的字典对象，其语法方便，和 JSON 也类似。

如果需要对数据结构完全掌控，可以用@property 加上设置方法和获取方法来编写自定义的类。

如果需要向对象添加行为（方法），则应该从头开始编写自定义类，或者通过扩展 collections.namedtuple 或 typing.NamedTuple 来编写自定义类。

如果想严格打包数据以将其序列化到磁盘上或通过网络发送，建议使用 struct.Struct。

一般情况下，如果想在 Python 中实现一个普通的记录、结构体或数据对象，我的建议是在 Python 2.*x* 中使用 collections.namedtuple，在 Python 3 中使用其姊妹 typing.NamedTuple。

5.4　集合和多重集合

本节将用标准库中的内置数据类型和类在 Python 中实现可变集合、不可变集合和多重集合（背包）数据结构。首先来快速回顾一下集合数据结构。

集合含有一组不含重复元素的无序对象。集合可用来快速检查元素的包含性，插入或删除值，计算两个集合的并集或交集。

在“合理”的集合实现中，成员检查预计耗时为 $O(1)$。并集、交集、差集和子集操作应平均耗时为 $O(n)$。Python 标准库中的集合实现都具有这些性能指标。[①]

与字典一样，集合在 Python 中也得到了特殊对待，有语法糖能够方便地创建集合。例如，花括号集合表达式语法和集合解析式能够方便地定义新的集合实例：

```
vowels = {'a', 'e', 'i', 'o', 'u'}
squares = {x * x for x in range(10)}
```

但要小心，创建**空集**时需要调用 set()构造函数。空花括号{}有歧义，会创建一个空字典。

Python 及其标准库提供了几个集合实现，让我们看看。

① 详见 wiki.python.org/moin/TimeComplexity。

5.4.1 set——首选集合实现

set 是 Python 中的内置集合实现。[①]set 类型是可变的，能够动态插入和删除元素。

Python 的集合由 dict 数据类型支持，具有相同的性能特征。所有可散列[②]的对象都可以存储在集合中。

```
>>> vowels = {'a', 'e', 'i', 'o', 'u'}
>>> 'e' in vowels
True

>>> letters = set('alice')
>>> letters.intersection(vowels)
{'a', 'e', 'i'}

>>> vowels.add('x')
>>> vowels
{'i', 'a', 'u', 'o', 'x', 'e'}

>>> len(vowels)
6
```

5.4.2 frozenset——不可变集合

frozenset 类实现了不可变版的集合，即在构造后无法更改。[③]不可变集合是静态的，只能查询其中的元素（无法插入或删除）。因为不可变集合是静态的且可散列的，所以可以用作字典的键，也可以放置在另一个集合中，普通可变的 set 对象做不到这一点。

```
>>> vowels = frozenset({'a', 'e', 'i', 'o', 'u'})
>>> vowels.add('p')
AttributeError:
"'frozenset' object has no attribute 'add'"

# 不可变集合是可散列的，可用作字典的键
>>> d = { frozenset({1, 2, 3}): 'hello' }
>>> d[frozenset({1, 2, 3})]
'hello'
```

5.4.3 collections.Counter——多重集合

Python 标准库中的 collections.Counter 类实现了多重集合（也称背包，bag）类型，该类型允许在集合中多次出现同一个元素。[④]

如果既要检查元素是否为集合的一部分，又要记录元素在集合中出现的**次数**，那么就需要用

① 详见 Python 文档："set"。
② 详见 Python 文档："hashable"。
③ 详见 Python 文档："frozenset"。
④ 详见 Python 文档："collections.Counter"。

到这个类型。

```
>>> from collections import Counter
>>> inventory = Counter()

>>> loot = {'sword': 1, 'bread': 3}
>>> inventory.update(loot)
>>> inventory
Counter({'bread': 3, 'sword': 1})

>>> more_loot = {'sword': 1, 'apple': 1}
>>> inventory.update(more_loot)
>>> inventory
Counter({'bread': 3, 'sword': 2, 'apple': 1})
```

Counter 类有一点要注意，在计算 Counter 对象中元素的数量时需要小心。调用 len() 返回的是多重集合中**唯一**元素的数量，而想获取元素的总数需要使用 sum 函数：

```
>>> len(inventory)
3 # 唯一元素的个数

>>> sum(inventory.values())
6 # 元素总数
```

5.4.4　关键要点

- 集合是 Python 及其标准库中含有的另一种有用且常用的数据结构。
- 查找可变集合时可使用内置的 set 类型。
- frozenset 对象可散列且可用作字典和集合的键。
- collections.Counter 实现了多重集合或“背包”类型的数据。

5.5　栈（后进先出）

栈是含有一组对象的容器，支持快速**后进先出**（LIFO）的插入和删除操作。与列表或数组不同，栈通常不允许随机访问所包含的对象。插入和删除操作通常称为**入栈**（push）和**出栈**（pop）。

现实世界中与栈数据结构相似的是一叠盘子。

> 新盘子会添加到栈的顶部。由于这些盘子非常宝贵且很重，所以只能移动最上面的盘子（后进先出）。要到达栈中位置较低的盘子，必须逐一移除最顶端的盘子。

栈和队列相似，都是线性的元素集合，但元素的访问顺序不同。

从队列删除元素时，移除的是最先添加的项（**先进先出**，FIFO）；而**栈**是移除最近添加的项（**后进先出**，LIFO）。

在性能方面，合理的栈实现在插入和删除操作的预期耗时是 $O(1)$。

栈在算法中有广泛的应用，比如用于语言解析和运行时的内存管理（“调用栈”）。树或图数据结构上的深度优先搜索（DFS）是简短而美丽的算法，其中就用到了栈。

Python 中有几种栈实现，每个实现的特性略有不同。下面来分别介绍并比较各自的特性。

5.5.1　列表——简单的内置栈

Python 的内置列表类型能在正常的 $O(1)$时间内完成入栈和出栈操作，因此适合作为栈数据结构。[①]

Python 的列表在内部以动态数组实现，这意味着在添加或删除时，列表偶尔需要调整元素的存储空间大小。列表会预先分配一些后备存储空间，因此并非每个入栈或出栈操作都需要调整大小，所以这些操作的均摊时间复杂度为 $O(1)$。

这么做的缺点是列表的性能不如基于链表的实现（如 `collections.deque`，下面会介绍），后者能为插入和删除操作提供稳定的 $O(1)$时间复杂度。另一方面，列表能在 $O(1)$时间快速随机访问堆栈上的元素，这能带来额外的好处。

使用列表作为堆栈应注意下面几个重要的性能问题。

为了获得 $O(1)$的插入和删除性能，必须使用 `append()`方法将新项添加到列表的末尾，删除时也要使用 `pop()`从末尾删除。为了获得最佳性能，基于 Python 列表的栈应该向高索引增长并向低索引缩小。

从列表前部添加和删除元素很慢，耗时为 $O(n)$，因为这种情况下必须移动现有元素来为新元素腾出空间。这是一个性能反模式，应尽可能避免。

```
>>> s = []
>>> s.append('eat')
>>> s.append('sleep')
>>> s.append('code')

>>> s
['eat', 'sleep', 'code']

>>> s.pop()
'code'
>>> s.pop()
'sleep'
>>> s.pop()
'eat'

>>> s.pop()
IndexError: "pop from empty list"
```

① 详见 Python 文档：“Using lists as stacks”。

5.5.2　collections.deque——快速且稳健的栈

deque 类实现了一个双端队列，支持在 $O(1)$时间（非均摊）从两端添加和移除元素。因为双端队列支持从两端添加和删除元素，所以既可以作为队列也可以作为栈。[①]

Python 的 deque 对象以双向链表实现，这为插入和删除元素提供了出色且一致的性能，但是随机访问位于栈中间元素的性能很差，耗时为 $O(n)$。[②]

总之，如果想在 Python 的标准库中寻找一个具有链表性能特征的栈数据结构实现，那么 collections.deque 是不错的选择。

```
>>> from collections import deque
>>> s = deque()
>>> s.append('eat')
>>> s.append('sleep')
>>> s.append('code')

>>> s
deque(['eat', 'sleep', 'code'])

>>> s.pop()
'code'
>>> s.pop()
'sleep'
>>> s.pop()
'eat'

>>> s.pop()
IndexError: "pop from an empty deque"
```

5.5.3　queue.LifoQueue——为并行计算提供锁语义

queue.LifoQueue 这个位于 Python 标准库中的栈实现是同步的，提供了锁语义来支持多个并发的生产者和消费者。[③]

除了 LifoQueue 之外，queue 模块还包含其他几个类，都实现了用于并行计算的多生产者/多用户队列。

在不同情况下，锁语义即可能会带来帮助，也可能会导致不必要的开销。在后面这种情况下，最好使用 list 或 deque 作为通用栈。

```
>>> from queue import LifoQueue
>>> s = LifoQueue()
>>> s.put('eat')
```

① 详见 Python 文档：“collections.deque”。
② 详见 CPython 源码：_collectionsmodule.c
③ 详见 Python 文档：“queue.LifoQueue”。

```
>>> s.put('sleep')
>>> s.put('code')

>>> s
<queue.LifoQueue object at 0x108298dd8>

>>> s.get()
'code'
>>> s.get()
'sleep'
>>> s.get()
'eat'

>>> s.get_nowait()
queue.Empty

>>> s.get()
# 阻塞，永远停在这里……
```

5.5.4 比较 Python 中各个栈的实现

从上面可以看出，Python 中有多种栈数据结构的实现，各自的特性稍有区别，在性能和用途上也各有优劣。

如果不寻求并行处理支持（或者不想手动处理上锁和解锁），可选择内置列表类型或 `collections.deque`。两者背后使用的数据结构和总体易用性有所不同。

- 列表底层是动态数组，因此适用于快速随机访问，但在添加或删除元素时偶尔需要调整大小。列表会预先分配一些备用存储空间，因此不是每个入栈或出栈操作都需要调整大小，这些操作的均摊时间复杂度为 $O(1)$。但需要小心，只能用 `append()` 和 `pop()` 从“右侧”插入和删除元素，否则性能会下降为 $O(n)$。
- `collections.deque` 底层是双向链表，为从两端的添加和删除操作进行了优化，为这些操作提供了一致的 $O(1)$ 性能。`collections.deque` 不仅性能稳定，而且便于使用，不必担心在“错误的一端”添加或删除项。

总之，我认为 `collections.deque` 是在 Python 中实现栈（LIFO 队列）的绝佳选择。

5.5.5 关键要点

- Python 中有几个栈实现，每种实现的性能和使用特性略有不同。
- `collections.deque` 提供安全且快速的通用栈实现。
- 内置列表类型可以作为栈使用，但要小心只能使用 `append()` 和 `pop()` 来添加和删除项，以避免性能下降。

5.6　队列（先进先出）

本节将介绍仅使用 Python 标准库中的内置数据类型和类来实现 FIFO 队列数据结构，首先来回顾一下什么是队列。

队列是含有一组对象的容器，支持快速插入和删除的**先进先出**语义。插入和删除操作有时称为**入队**（enqueue）和**出队**（dequeue）。与列表或数组不同，队列通常不允许随机访问所包含的对象。

来看一个先进先出队列在现实中的类比。

> 想象在 PyCon 注册的第一天，一些 Python 高手等着领取会议徽章。新到的人依次进入会场并排队领取徽章，队列后面会有其他人继续排队。移除动作发生在队列前端，因为开发者领取徽章和会议礼品袋后就离开了。

另一种记住队列数据结构特征的方法是将其视为**管道**。

> 新元素（水分子、乒乓球等）从管道一端移向另一端并在那里被移除。当元素在队列中（想象成位于一根坚固的金属管中）时是无法接触的。唯一能够与队列中元素交互的方法是在管道后端添加新元素（**入队**）或在管道前端删除元素（**出队**）。

队列与栈类似，但删除元素的方式不同。

队列删除的是最先添加的项（**先进先出**），而**栈**删除的是最近添加的项（**后进先出**）。

在性能方面，实现合理的队列在插入和删除方面的操作预计耗时为 $O(1)$。插入和删除是队列上的两个主要操作，在正确的实现中应该很快。

队列在算法中有广泛的应用，经常用于解决调度和并行编程问题。在树或图数据结构上进行宽度优先搜索（BFS）是一种简短而美丽的算法，其中就用到了队列。

调度算法通常在内部使用优先级队列。这些是特化的队列，其中元素的顺序不是基于插入时间，而是基于**优先级**。队列根据元素的键计算到每个元素的优先级。下一节详细介绍优先级队列以及它们在 Python 中的实现方式。

不过普通队列无法重新排列所包含的元素。就像在管道示例中一样，元素输入和输出的顺序完全一致。

Python 中实现了几个队列，每种实现的特征略有不同，下面就来看看。

5.6.1 列表——非常慢的队列

普通列表可以作为队列，但从性能角度来看并不理想。[①]由于在起始位置插入或删除元素需要将所有其他元素都移动一个位置，因此需要的时间为 $O(n)$。

因此不推荐在 Python 中凑合用列表作为队列使用（除非只处理少量元素）：

```
>>> q = []
>>> q.append('eat')
>>> q.append('sleep')
>>> q.append('code')

>>> q
['eat', 'sleep', 'code']

# 小心，这种操作很慢！
>>> q.pop(0)
'eat'
```

5.6.2 collections.deque——快速和稳健的队列

`deque` 类实现了一个双端队列，支持在 $O(1)$时间（非均摊）中从任一端添加和删除元素。由于 `deque` 支持从两端添加和移除元素，因此既可用作队列也可用作栈。[②]

Python 的 `deque` 对象以双向链表实现。[③]这为插入和删除元素提供了出色且一致的性能，但是随机访问位于栈中间元素的性能很差，耗时为 $O(n)$。

因此，默认情况下 `collections.deque` 是 Python 标准库中不错的队列型数据结构：

```
>>> from collections import deque
>>> q = deque()
>>> q.append('eat')
>>> q.append('sleep')
>>> q.append('code')

>>> q
deque(['eat', 'sleep', 'code'])

>>> q.popleft()
'eat'
>>> q.popleft()
'sleep'
>>> q.popleft()
'code'

>>> q.popleft()
IndexError: "pop from an empty deque"
```

① 详见 Python 文档："Using lists as queues"。

② 详见 Python 文档："`collections.deque`"。

③ CPython 源码：`_collectionsmodule.c`

5.6.3 queue.Queue——为并行计算提供的锁语义

queue.Queue 在 Python 标准库中以同步的方式实现，提供了锁语义来支持多个并发的生产者和消费者。[①]

queue 模块包含其他多个实现多生产者/多用户队列的类，这些队列对并行计算很有用。

在不同情况下，锁语义可能会带来帮助，也可能会导致不必要的开销。在后面这种情况下，最好使用 collections.deque 作为通用队列：

```
>>> from queue import Queue
>>> q = Queue()
>>> q.put('eat')
>>> q.put('sleep')
>>> q.put('code')

>>> q
<queue.Queue object at 0x1070f5b38>

>>> q.get()
'eat'
>>> q.get()
'sleep'
>>> q.get()
'code'

>>> q.get_nowait()
queue.Empty

>>> q.get()
# 阻塞，永远停在这里……
```

5.6.4 multiprocessing.Queue——共享作业队列

multiprocessing.Queue 作为共享作业队列来实现，允许多个并发 worker 并行处理队列中的元素。[②]由于 CPython 中存在全局解释器锁（GIL），因此无法在单个解释器进程上执行某些并行化过程，使得大家都转向基于进程的并行化。

作为专门用于在进程间共享数据的队列实现，使用 multiprocessing.Queue 能够方便地在多个进程中分派工作，以此来绕过 GIL 的限制。这种类型的队列可以跨进程存储和传输任何可 pickle 的对象：

```
>>> from multiprocessing import Queue
>>> q = Queue()
>>> q.put('eat')
```

① 详见 Python 文档："queue.Queue"。

② 详见 Python 文档："multiprocessing.Queue"。

```
>>> q.put('sleep')
>>> q.put('code')

>>> q
<multiprocessing.queues.Queue object at 0x1081c12b0>

>>> q.get()
'eat'
>>> q.get()
'sleep'
>>> q.get()
'code'

>>> q.get()
# 阻塞，永远停在这里……
```

5.6.5 关键要点

- Python 核心语言及其标准库中含有几种队列实现。
- 列表对象可以用作队列，但由于性能较差，通常不建议这么做。
- 如果不需要支持并行处理，那么 `collections.deque` 是 Python 中实现 FIFO 队列数据结构的最佳选择。`collections.deque` 是非常优秀的队列实现，具备期望的性能特征，并且可以用作栈（LIFO 队列）。

5.7 优先队列

优先队列是一个容器数据结构，使用具有全序关系[1]的键（例如用数值表示的权重）来管理元素，以便快速访问容器中键值**最小**或**最大**的元素。

优先队列可被视为队列的改进版，其中元素的顺序不是基于插入时间，而是基于优先级的。对键进行处理能得到每个元素的优先级。

优先级队列通常用于处理调度问题，例如优先考虑更加紧急的任务。

来看看操作系统任务调度器的工作。

> 理想情况下，系统上的高优先级任务（如玩实时游戏）级别应高于低优先级的任务（如在后台下载更新）。优先级队列将待执行的任务根据紧急程度排列，任务调度程序能够快速选取并优先执行优先级最高的任务。

本节将介绍如何使用 Python 语言内置或位于标准库中的数据结构来实现优先队列。每种实现都有各自的优缺点，但其中有一种实现能应对大多数常见情况，下面一起来看看。

① 详见维基百科“全序关系”。

5.7.1 列表——手动维护有序队列

使用有序列表能够快速识别并删除最小或最大的元素，缺点是向列表插入元素表是很慢的 $O(n)$操作。

虽然用标准库中的 `bisect.insort`[①]能在 $O(\log n)$时间内找到插入位置，但缓慢的插入操作才是瓶颈。

向列表添加并重新排序来维持顺序也至少需要 $O(n\log n)$的时间。另一个缺点是在插入新元素时，必须手动重新排列列表。缺少这一步就很容易引入 bug，因此担子总是压在开发人员身上。

因此，有序列表只适合在插入次数很少的情况下充当优先队列。

```
q = []

q.append((2, 'code'))
q.append((1, 'eat'))
q.append((3, 'sleep'))

# 注意：每当添加新元素或调用bisect.insort()时，都要重新排序。
q.sort(reverse=True)

while q:
    next_item = q.pop()
    print(next_item)

# 结果：
#   (1, 'eat')
#   (2, 'code')
#   (3, 'sleep')
```

5.7.2 heapq——基于列表的二叉堆

heapq 是二叉堆，通常用普通列表实现，能在 $O(\log n)$时间内插入和获取最小的元素。[②]

heapq 模块是在 Python 中不错的优先级队列实现。由于 heapq 在技术上只提供最小堆实现，因此必须添加额外步骤来确保排序稳定性，以此来获得“实际”的优先级队列中所含有的预期特性。[③]

```
import heapq

q = []
```

① 详见 Python 文档：“bisect.insort”。
② 详见 Python 文档：“heapq”。
③ 详见 Python 文档：“heapq - Priority queue implementation notes”。

```
heapq.heappush(q, (2, 'code'))
heapq.heappush(q, (1, 'eat'))
heapq.heappush(q, (3, 'sleep'))

while q:
    next_item = heapq.heappop(q)
    print(next_item)

# 结果:
#   (1, 'eat')
#   (2, 'code')
#   (3, 'sleep')
```

5.7.3 queue.PriorityQueue——美丽的优先级队列

queue.PriorityQueue 这个优先级队列的实现在内部使用了 heapq,时间和空间复杂度与 heapq 相同。[①]

区别在于 PriorityQueue 是同步的，提供了锁语义来支持多个并发的生产者和消费者。

在不同情况下，锁语义可能会带来帮助，也可能会导致不必要的开销。不管哪种情况，你都可能更喜欢 PriorityQueue 提供的基于类的接口，而不是使用 heapq 提供的基于函数的接口。

```
from queue import PriorityQueue

q = PriorityQueue()

q.put((2, 'code'))
q.put((1, 'eat'))
q.put((3, 'sleep'))

while not q.empty():
    next_item = q.get()
    print(next_item)

# 结果:
#   (1, 'eat')
#   (2, 'code')
#   (3, 'sleep')
```

5.7.4 关键要点

- Python 提供了几种优先队列实现可以使用。
- queue.PriorityQueue 是其中的首选，具有良好的面向对象的接口，从名称就能明白其用途。
- 如果想避免 queue.PriorityQueue 的锁开销，那么建议直接使用 heapq 模块。

① 详见 Python 文档：“queue.PriorityQueue”。

第 6 章

循环和迭代

6.1 编写有 Python 特色的循环

对于有 C 语言风格背景的开发人员，若想知道他们是不是最近才使用 Python，最简单的办法是观察他们如何编写循环。

例如，每当我看到类似下面的代码片段时，就知道有人试图用 C 或 Java 的风格编写 Python 代码：

```
my_items = ['a', 'b', 'c']

i = 0
while i < len(my_items):
    print(my_items[i])
    i += 1
```

这段代码看上去非常没有 Python 特色，有以下两点原因。

首先，代码中手动跟踪了索引 i，先初始化将其置为零，然后在每次循环迭代时仔细递增索引。

其次，为了确定迭代次数，使用 len()获取 my_items 容器的大小。

在 Python 中编写的循环会自动处理这两个问题，最好善加利用这一点。例如，如果代码不必跟踪正在运行的索引，那么就很难写出意外的无限循环，同时代码也更简洁、更可读。

下面来重构第一个代码示例，首先将删除用于手动更新索引的代码。在 Python 中可以用 for 循环来很好地做到这一点，做法是利用内置的 range()自动生成索引：

```
>>> range(len(my_items))
range(0, 3)
>>> list(range(0, 3))
[0, 1, 2]
```

range 类型表示不可变的数列，内存占用比普通列表少。range 对象实际上并不存储数列的每个值，而是充当迭代器实时计算数列的值。[1]

所以可以利用 range() 函数编写如下所示的内容，不用在每次循环迭代时手动递增 i：

```
for i in range(len(my_items)):
    print(my_items[i])
```

比之前好一点，但仍然不是很有 Python 特色，感觉依然像是一个 Java 风格的迭代结构，而不是正常的 Python 循环。像 range(len(...)) 这样的容器遍历方式通常可以进一步简化和改进它。

正如前面所提到的，在 Python 中，for 循环实际上是 for-each 循环，可以直接在容器或序列中迭代元素，无须通过索引查找。因此可以用这一点来进一步简化：

```
for item in my_items:
    print(item)
```

这个解决方案很有 Python 特色，其中使用了几种 Python 高级特性，不过仍然非常整洁，看上去就像是在阅读编程教科书中的伪代码一样。注意循环中不再跟踪容器的大小，也不使用运行时索引来访问元素。

容器本身现在负责分发将要处理的元素。如果容器是有序的，那么所得到的元素序列也是有序的。如果容器是无序的，那么将以随机顺序返回其元素，但循环仍然会遍历所有元素。

当然，并不是所有情况下都能以这种方式重写循环。如果**需要**用到项的索引，该怎么办呢？

有一种方法既能让循环持有当前运行的索引，又能避免前面提到的 range(len(...)) 模式。那就是使用内置的 enumerate() 改进这种循环，让其变得具有 Python 特色：

```
>>> for i, item in enumerate(my_items):
...     print(f'{i}: {item}')

0: a
1: b
2: c
```

看到没，Python 中的迭代器可以连续返回多个值。迭代器可以返回含有任意个元素的元组，然后在 for 语句内解包。

这个功能非常强大，比如可以使用相同的技术同时迭代字典的键和值：

```
>>> emails = {
...     'Bob': 'bob@example.com',
...     'Alice': 'alice@example.com',
... }

>>> for name, email in emails.items():
...     print(f'{name} -> {email}')
```

① 在 Python 2 中需要使用内置的 xrange() 来获得这种功能，Python 2 中的 range() 会构造一个列表对象。

```
'Bob -> bob@example.com'
'Alice -> alice@example.com'
```

还有一个例子，如果一定要编写一个 C 风格的循环，比如必须控制索引的步长，该怎么办呢？假如有下面这样的 Java 循环：

```
for (int i = a; i < n; i += s) {
    // ...
}
```

如何将这种模式转到 Python 中？这里要再次用到 range() 函数，该函数接受可选参数来控制循环的起始值（a）、终止值（n）和步长（s）。因此前面的 Java 循环示例可转换成下面这种 Python 形式：

```
for i in range(a, n, s):
    # ...
```

关键要点

- 在 Python 中编写 C 风格的循环非常没有 Python 特色。要尽可能地避免手动管理循环索引和终止条件。
- Python 的 for 循环实际上是 for-each 循环，可直接在容器或序列中的元素上迭代。

6.2　理解解析式

列表解析式是我最喜欢的 Python 特性之一。列表解析式乍看起来有点神秘，但在完全理解之后就会发现其结构实际上非常简单。

理解的关键在于，相比针对各种容器的 for 循环，列表解析式相当于语法上更加简化紧凑的改进版。

这种东西有时称为**语法糖**，用来快速完成一些常见功能，从而减轻了 Python 程序员的负担。来看下面的列表解析式：

```
>>> squares = [x * x for x in range(10)]
```

这个解析式生成一个列表，包含从 0 到 9 的所有整数的平方：

```
>>> squares
[0, 1, 4, 9, 16, 25, 36, 49, 64, 81]
```

如果想用纯 for 循环构建相同的列表，可能会这么写：

```
>>> squares = []
>>> for x in range(10):
...     squares.append(x * x)
```

这是一个非常简单的循环，对吧？如果回过头来对比 for 循环版本和列表解析式版本，从中会发现一些共同点进而总结出一些模式。归纳其中的常见结构，最终会得到类似下面这样的模板：

```
values = [expression for item in collection]
```

上面的列表解析式“模板”等价于下面的 for 循环：

```
values = []
for item in collection:
    values.append(expression)
```

这里首先设置一个新的列表实例来接受输出值，然后遍历容器中的所有元素，用任意表达式处理每个元素，接着将各个结果添加到输出列表中。

这是一种固定模式，可以将许多 for 循环转换为列表解析式，反之亦然。现在再为这个模板添加一个更有用的功能，即使用**条件**来过滤元素。

列表解析式可以根据某些条件过滤元素，将符合条件的值添加到输出列表中。来看一个例子：

```
>>> even_squares = [x * x for x in range(10)
                    if x % 2 == 0]
```

这个列表解析式将得到从 0 到 9 所有偶数整数的平方组成的列表。它使用**取模**（%）运算符返回两数相除后的余数，在这个例子中用来测试一个数是否是偶数。这个解析式能得到预期的结果：

```
>>> even_squares
[0, 4, 16, 36, 64]
```

与第一个例子类似，这个新的列表解析式可以转化为一个等价的 for 循环：

```
even_squares = []
for x in range(10):
    if x % 2 == 0:
        even_squares.append(x * x)
```

现在再次尝试从这个列表解析式和对应的 for 循环中归纳出转换模式。这次需要向模板中添加一个过滤条件用来决定输出列表将要包含的值。下面是修改后的列表理解式模板：

```
values = [expression
          for item in collection
          if condition]
```

同样，这个列表解析式可转换为下面这种模式的 for 循环：

```
values = []
for item in collection:
    if condition:
        values.append(expression)
```

这种转换也很简单，只是对前面的那个固定模式稍作改进。希望这种讲解方式能消除列表解析式的神秘感。列表解析式是个有用的工具，所有 Python 程序员都应该掌握。

在继续之前，需要指出的是 Python 不仅支持**列表**解析式，对于**集合**和**字典**也有类似的语法糖。

下面是**集合解析式**：

```
>>> { x * x for x in range(-9, 10) }
set([64, 1, 36, 0, 49, 9, 16, 81, 25, 4])
```

列表会保留元素的顺序，但 Python 集合是无序类型。所以在将元素加到 `set` 容器时顺序是随机的。

下面是**字典解析式**：

```
>>> { x: x * x for x in range(5) }
{0: 0, 1: 1, 2: 4, 3: 9, 4: 16}
```

这两种解析式在实践中都很有用。不过 Python 解析式中有一个需要注意的地方：在熟悉了解析式之后，很容易就会编写出难以阅读的代码。如果不小心的话，可能就要面对许多难以理解的列表、设置和字典解析式。好东西太多了通常会适得其反。

在经历了许多烦恼之后，我给解析式设定的限制是只能嵌套一层。在大多数情况下，多层嵌套最好直接使用 `for` 循环，这样代码更加易读且容易维护。

关键要点

- 解析式是 Python 中的一个关键特性。理解和应用解析式会让代码变得更具 Python 特色。
- 解析式只是简单 `for` 循环模式的花哨语法糖。在理解其中的模式之后，就能对解析式有直观的理解。
- 除了列表解析式之外，还有集合解析式和字典解析式。

6.3　列表切片技巧与寿司操作员

Python 的列表对象有方便的**切片**特性。切片可被视为方括号索引语法的扩展，通常用于访问有序集合中某一范围的元素。例如，将一个大型列表对象分成几个较小的子列表。

来看一个例子，切片使用熟悉的`[]`索引语法和如下`[start:stop:step]`模式：

```
>>> lst = [1, 2, 3, 4, 5]
>>> lst
[1, 2, 3, 4, 5]

#   lst[start:end:step]
>>> lst[1:3:1]
[2, 3]
```

[1:3:1]索引返回从索引 1 到索引 2 的原始列表切片，步长为一个元素。为了避免多算一个元素的错误，需要记住切片计算方法是算头不算尾。因此[1:3:1]切片的子列表是[2,3]。

如果不提供步长，则默认为 1：

```
>>> lst[1:3]
[2, 3]
```

步长（step）参数也称为步幅（stride），还可用来做其他有趣的事情。例如，可以创建一个间隔包含原列表元素的子列表：

```
>>> lst[::2]
[1, 3, 5]
```

很有趣吧！我喜欢称冒号分隔符:为**寿司操作符**，因为这像是一个从侧面切开的美味太卷寿司（maki roll）。除了让人想到美食和访问列表范围之外，切片还有一些鲜为人知的应用。下面介绍更多有趣且有用的列表切片技巧。

除了刚才看到的使用切片步长来间隔选择列表中的元素，还有其他用法。比如[::-1]切片会得到原始列表的逆序副本：

```
>>> numbers[::-1]
[5, 4, 3, 2, 1]
```

这里用::让 Python 提供完整的列表，但将步长设置为-1 来从后到前遍历所有元素。这种方式很整洁，但在大多数情况下我仍然坚持使用 list.reverse()和内置的 reverse()函数来反转列表。

还有另一个列表切片技巧，即使用:操作符清空列表中的所有元素，同时不会破坏列表对象本身。

这适用于在程序中有其他引用指向这个列表时清空列表。在这种情况下，通常不能用新的列表对象替换已有列表来清空列表，替换列表不会更新原列表的引用。此时“寿司操作符”就派上用场了：

```
>>> lst = [1, 2, 3, 4, 5]
>>> del lst[:]
>>> lst
[]
```

上面的操作删除了 lst 中的所有元素，但保持列表对象本身不变。在 Python 3 中也可以使用 lst.clear()完成同样的工作，这种方式在某些情况下可读性更好。但要注意在 Python 2 中无法使用 clear()。

除了清空列表之外，切片还可以用来在不创建新列表对象的情况下替换列表中的所有元素，即手动快速清空列表然后重新填充元素：

```
>>> original_lst = lst
>>> lst[:] = [7, 8, 9]
>>> lst
[7, 8, 9]
>>> original_lst
[7, 8, 9]
>>> original_lst is lst
True
```

前面的示例中替换了列表中的所有元素，但并未销毁再重新创建列表本身。因此原始列表对象的旧引用仍然有效。

“寿司操作符”的另一个作用是创建现有列表的浅副本：

```
>>> copied_lst = lst[:]
>>> copied_lst
[7, 8, 9]
>>> copied_lst is lst
False
```

创建**浅**副本意味着只复制元素的结构，而不复制元素本身。两个列表中的每个元素都是相同的实例。

如果需要复制所有内容（包括元素），则需要创建列表的**深**副本。此时可以使用 Python 内置的 `copy` 模块。

关键要点

- “寿司操作符”不仅可用于选择列表中的元素的子列表，还可以用来清除、反转和复制列表。
- 但要小心，许多 Python 开发人员对这个功能不是非常了解，团队中的其他人可能难以维护用到这些特性的代码。

6.4　美丽的迭代器

与许多其他编程语言相比，我喜欢美丽而清晰的 Python 语法。例如低调的 `for-in` 循环，Python 的美从中得以展现出来，读起来就像英文句子那么自然：

```
numbers = [1, 2, 3]
for n in numbers:
    print(n)
```

但这种优雅的循环结构在 Python 内部是如何工作的？循环如何从正在循环的对象中获取单个元素？如何在自己的 Python 对象中支持这种编程风格？

答案是在 Python 中使用**迭代器协议**，只要对象支持`__iter__`和`__next__`双下划线方法，那么就能使用 for-in 循环。

与装饰器一样，迭代器及相关技术乍一看可能显得非常神秘和复杂，所以这里分阶段逐步介绍。

本节中将编写几个支持迭代器协议的 Python 类，这些示例和测试实现浅显易懂，你可以参照它们来加深对迭代器的理解。

首先关注 Python 3 中迭代器的核心机制，但这里会避免牵扯其他无关内容，以便清楚地介绍迭代器的基本行为。

每个例子最后都会用 for-in 循环再次实现。本节最后还将讨论迭代器在 Python 2 和 Python 3 之间的差异。

准备好了吗？让我们开始吧！

6.4.1 无限迭代

首先编写一个类来演示基本的迭代器协议。这里使用的示例可能与你在其他迭代器教程中看到的示例看上去有所不同，但不要急，因为我认为这种方式能更好地介绍 Python 中迭代器的工作方式。

接下来的几段内容将实现一个名为 Repeater 的类，该类可以通过 for-in 循环迭代，如下所示：

```
repeater = Repeater('Hello')
for item in repeater:
    print(item)
```

顾名思义，Repeater 类在迭代时类的实例会重复返回同一个值。因此上面的示例代码会一直向控制台输出字符串'Hello'。

为了进行实现，首先定义并填充 Repeater 类：

```
class Repeater:
    def __init__(self, value):
        self.value = value

    def __iter__(self):
        return RepeaterIterator(self)
```

Repeater 乍一看像一个普通的 Python 类，但注意其中包含的__iter__双下划线方法。

__iter__创建并返回了 RepeaterIterator 对象，这是为了实现 for-in 迭代功能而必须定义的辅助类：

```
class RepeaterIterator:
    def __init__(self, source):
        self.source = source

    def __next__(self):
        return self.source.value
```

同样，`RepeaterIterator` 看起来像一个简单的 Python 类，但需要注意以下两点。

(1) 在`__init__`方法中，每个 `RepeaterIterator` 实例都链接到创建它的 `Repeater` 对象。这样可以持有迭代的“源”（source）对象。

(2) 在 `RepeaterIterator.__next__`中，回到“源” `Repeater` 实例并返回与其关联的值。

在这个代码示例中，`Repeater` 和 `RepeaterIterator` **协同**工作来支持 Python 的迭代器协议，其中定义的两个双下划线方法`__iter__`和`__next__`是让 Python 对象迭代的关键。

下面将仔细研究这两个方法，通过对前面介绍的代码进行一些实验来了解其中的工作方式。

首先来确认这两个类的确能让 `Repeater` 对象使用 `for-in` 循环迭代。为此，先创建一个 `Repeater` 实例，迭代时该实例将一直返回字符串`'Hello'`：

```
>>> repeater = Repeater('Hello')
```

现在尝试用 `for-in` 循环遍历这个 `repeater` 对象。运行以下代码时会发生什么？

```
>>> for item in repeater:
...     print(item)
```

不错，屏幕上会显示很多`'Hello'`。`Repeater` 不断返回相同的字符串值，因此这个循环永远不会停止，会一直向控制台打印`'Hello'`：

```
Hello
Hello
Hello
Hello
Hello
...
```

不过还是恭喜你用 Python 编写了一个可以工作的迭代器，并用到 `for-in` 循环中。虽然循环停不下来，但还算不错。

接下来将剖析这个示例，了解`__iter__`和`__next__`方法是如何协同工作来让 Python 对象迭代的。

有益的提示：如果你在 Python REPL 会话或终端中运行了上面的示例并且想要停止，请按几次 Ctrl + C 来跳出无限循环。

6.4.2 for-in 循环在 Python 中的工作原理

现在已经有了支持迭代器协议的 Repeater 类，并刚刚运行了一个 for-in 循环进行了验证：

```
repeater = Repeater('Hello')
for item in repeater:
    print(item)
```

那么这个 for-in 循环在背后究竟做了什么？它如何与 repeater 对象通信以从中获取新元素？

为了更清楚地说明问题，来将循环展开成一段稍长但结果相同的代码：

```
repeater = Repeater('Hello')
iterator = repeater.__iter__()
while True:
    item = iterator.__next__()
    print(item)
```

从中可以看到，for-in 只是简单 while 循环的语法糖。

- 首先让 repeater 对象准备迭代，即调用__iter__方法来返回实际的**迭代器对象**。
- 然后循环反复调用迭代器对象的__next__方法，从中获取值。

如果你使用过**数据库**的游标，那就会熟悉这种概念模型：首先初始化游标并准备读取，然后从中逐个取出数据存入局部变量中。

因为在同一时刻只会有一个元素，所以这种方法很节省内存。虽然这个 Repeater 类提供的是**无限长**的元素序列，但迭代起来依然没问题。由于无法创建一个包含无限个元素的列表，无法用 Python 列表模拟相同的行为，因此迭代器是一个非常强大的概念。

用更抽象的术语来说，迭代器提供了一个通用接口，允许在完全隔离容器内部结构的情况下处理容器的每个元素。

无论是元素列表、字典，还是 Repeater 类提供的无限序列，或是其他序列类型，对于迭代器来说只是实现细节不同。迭代器能以相同的方式遍历这些对象中的元素。

从上面可以看到，Python 中的 for-in 循环没有什么特别之处，在背后都可以都归结为在正确的时间调用__iter__和__next__方法。

实际上，在 Python 解释器会话中可以手动“模拟”循环使用迭代器协议的方式：

```
>>> repeater = Repeater('Hello')
>>> iterator = iter(repeater)
>>> next(iterator)
'Hello'
>>> next(iterator)
```

```
'Hello'
>>> next(iterator)
'Hello'
...
```

手动执行的结果与前面相同，每次调用 next()时，迭代器都会再次发出相同的问候语。

顺便说一下，这里趁机将__iter__和__next__调用替换为 Python 的内置函数 iter()和 next()。

这些内置函数在内部会调用相同的双下划线方法，为迭代器协议提供一个简洁的封装（facade），让代码变得更漂亮、更易读。

Python 也为其他功能提供了封装。例如 len(x)调用了 x.__len__，iter(x)调用了 x.__iter__，next(x)调用了 x.__next__。

通常最好使用内置的封装函数，不要直接访问实现协议的双下划线方法，这样会让代码更容易阅读。

6.4.3 更简单的迭代器类

到目前为止的迭代器示例由两个独立的类 Repeater 和 RepeaterIterator 组成，直接对应于 Python 迭代器协议使用的两个阶段。

首先是调用 iter()设置和获取迭代器对象，然后通过 next()不断从迭代器中获取值。

大部分情况下，这两步可以放到一个类中，用这种方式实现基于类的迭代器代码较少。

之前的第一个例子中没有这样做，因为分开介绍能理清迭代器协议背后的概念模型。现在既然已经明白了如何用烦琐的方法编写一个基于类的迭代器，那么是时候来简化了。

记得为什么还要使用 RepeaterIterator 类吗？因为要用到这个类中的__next__方法，以便从迭代器中获取新值。不过在**哪里**定义__next__并不重要。在迭代器协议中，最重要的是__iter__要返回带有__next__方法的对象。

这就诞生了一个想法：RepeaterIterator 不断返回相同的值，且不必跟踪任何内部状态。那么能否直接将__next__方法添加到 Repeater 类中呢？

这样就可以完全摆脱 RepeaterIterator，用一个 Python 类就能实现一个可迭代的对象。来尝试一下，简化后的迭代器示例如下所示：

```
class Repeater:
    def __init__(self, value):
        self.value = value
```

```
    def __iter__(self):
        return self

    def __next__(self):
        return self.value
```

从含有两个类的 10 行代码简化成了只有一个类的 7 行代码，而简化后的实现仍然支持迭代器协议：

```
>>> repeater = Repeater('Hello')
>>> for item in repeater:
...     print(item)

Hello
Hello
Hello
...
```

以这种方式简化前面基于类的迭代器通常没有问题。事实上，大多数 Python 迭代器教程都是直接以这种方式开始介绍，但我始终认为从一开始就用一个类来解释会隐藏迭代器协议的基本原理，增加了理解的难度。

6.4.4 不想无限迭代

现在你应该很好地掌握了 Python 中迭代器的工作原理，但是到目前为止只实现了**无限迭代**的迭代器。

显然，Python 中的迭代器主要不是为了无限重复。事实上，回顾本节开头会发现，我使用了下面这个示例来激发大家的学习兴趣：

```
numbers = [1, 2, 3]
for n in numbers:
    print(n)
```

你理所当然地期望这段代码输出数字 `1`、`2` 和 `3` 后停止，而不是在终端窗口中看到 `3` 在不断刷屏，然后在慌乱中狂按 Ctrl + C 来终止程序。

所以现在来学习如何编写一个会生成新值，并且最终会**停下来**的迭代器。一般情况下 Python 对象也不会在 `for-in` 循环中无限迭代。

现在来编写另一个名为 `BoundedRepeater` 的迭代器类，这个类与之前的 `Repeater` 示例类似，但这个类需要能在重复特定次数后停止。

稍微思考一下应该如何做到这一点。迭代器如何表明已执行完毕，没有元素可供迭代了呢？你也许会想：“可以从`__next__`方法中返回 `None`。”

这个主意不错，但问题在于如果真的希望有些迭代器返回 `None` 该怎么办？

来看看其他 Python 迭代器是如何解决这个问题的。首先来构建一个简单的容器，即包含几个元素的列表，然后遍历这个列表直到耗尽所有元素，观察最后会发生什么：

```
>>> my_list = [1, 2, 3]
>>> iterator = iter(my_list)
>>> next(iterator)
1
>>> next(iterator)
2
>>> next(iterator)
3
```

注意，现在已经消耗了列表中的所有三个可用元素，来观察再次在迭代器上调用 `next` 会发生什么情况：

```
>>> next(iterator)
StopIteration
```

啊哈！引发了 `StopIteration` 异常，表示已经耗尽了迭代器中的所有可用值。

没错，迭代器使用异常来处理控制流。为了表示迭代结束，Python 迭代器会简单地抛出内置的 `StopIteration` 异常。

如果一直向迭代器请求更多的值，就会不断抛出 `StopIteration` 异常，表示没有更多的值可供迭代：

```
>>> next(iterator)
StopIteration
>>> next(iterator)
StopIteration
...
```

Python 迭代器通常不能"重置"，如果其中的元素已经耗尽，那么每次调用 `next()`时都会引发 `StopIteration`。若想重新迭代，需要使用 `iter()`函数获取一个新的迭代器对象。

对于编写在重复一定次数后能停止迭代的 `BoundedRepeater` 类，现在万事俱备：

```
class BoundedRepeater:
    def __init__(self, value, max_repeats):
        self.value = value
        self.max_repeats = max_repeats
        self.count = 0

    def __iter__(self):
        return self

    def __next__(self):
        if self.count >= self.max_repeats:
            raise StopIteration
        self.count += 1
        return self.value
```

这个实现的结果符合预期，迭代在达到 max_repeats 参数中定义的次数后停止：

```
>>> repeater = BoundedRepeater('Hello', 3)
>>> for item in repeater:
        print(item)
Hello
Hello
Hello
```

如果重写上一个 for-in 循环的例子，移除一些语法糖，那么展开后最终会得到下面的代码片段：

```
repeater = BoundedRepeater('Hello', 3)
iterator = iter(repeater)
while True:
    try:
        item = next(iterator)
    except StopIteration:
        break
    print(item)
```

每次在此循环中调用 next() 时都会检查 StopIteration 异常，并在必要时中断 while 循环。

用 3 行的 for-in 循环替换 8 行的 while 循环是个不错的改进，能让代码更加易读和维护。这样从另一方面看出了 Python 迭代器的强大之处。

6.4.5 Python 2.*x* 兼容性

前面展示的所有代码示例都是用 Python 3 编写的。当涉及实现基于类的迭代器时，Python 2 和 Python 3 之间存在一个小但重要的区别。

- 在 Python 3 中，从迭代器中获取下一个值的方法名为__next__。
- 在 Python 2 中，相同的方法名为 next（不带下划线）。

如果你正在编写基于类的迭代器并试图同时支持 Python 2 和 Python 3，那么这种命名差异会产生一些麻烦。幸运的是，有一种简单的方法可以解决这个问题。

下面是改进后的 InfiniteRepeater 类，可同时在 Python 2 和 Python 3 上运行：

```
class InfiniteRepeater(object):
    def __init__(self, value):
        self.value = value

    def __iter__(self):
        return self

    def __next__(self):
```

6

```
        return self.value

    # Python 2 兼容性:
    def next(self):
        return self.__next__()
```

为了使这个迭代器类与 Python 2 兼容，我做了下面两处小改动。

首先添加了一个 `next` 方法，简单地调用并返回原`__next__`的结果。基本上就是为现有的`__next__`实现创建一个别名以便让 Python 2 找到。这样就可以支持两个版本的 Python，同时所有实际的实现细节仍然位于一个函数中。

其次，将类定义修改为从 `object` 继承，以确保在 Python 2 上创建的是**新式类**。这与迭代器没有关系，不过是一个很好的习惯。

6.4.6　关键要点

- 迭代器为 Python 对象提供了一个序列接口，占用的内存较少且具有 Python 特色，以此来支持 `for-in` 循环之美。
- 为了支持迭代，对象需要通过提供`__iter__`和`__next__`双下划线方法来实现**迭代器协议**。
- 基于类的迭代器只是用 Python 编写可迭代对象的一种方法。可迭代对象还包括生成器和生成器表达式。

6.5　生成器是简化版迭代器

我们在 6.4 节花了很多时间编写基于类的迭代器。从教学的角度来看还行，不过从例子中可以看出，编写这种迭代器类需要大量样板代码。说实话，作为一个“懒惰”的开发者，我不喜欢烦琐而重复的工作。

不过迭代器在 Python 中非常有用，能够编写漂亮的 `for-in` 循环，让代码更有 Python 特色且高效。如果有一种更方便的方式来编写这些迭代器就好了……

好消息是真的有这样的方法！Python 又提供了一些语法糖来简化迭代器的编写。本节将介绍如何使用生成器和 `yield` 关键字以较少的代码快速编写迭代器。

6.5.1　无限生成器

让我们首先回顾一下之前用来介绍迭代器思想的 `Repeater` 示例。这个类实现了一个基于类的无限循环的迭代器，简化版的 `Repeater` 类如下所示：

```
class Repeater:
    def __init__(self, value):
        self.value = value

    def __iter__(self):
        return self

    def __next__(self):
        return self.value
```

的确，对于这样简单的迭代器来说代码有点多了。这个类中的某些部分似乎相当规整，每个基于类的迭代器好像都是这么写的。

此时 Python **生成器**就派上用场了。如果将前面的迭代器类重写为生成器，看起来是这样的：

```
def repeater(value):
    while True:
        yield value
```

从7行代码缩短到3行，不错吧？从中可以看出，生成器看起来像普通函数，但它没有 `return` 语句，而是用 `yield` 将数据传回给调用者。

这个新的生成器实现是否仍然像基于类的迭代器一样工作？让我们用 `for-in` 循环测试一下：

```
>>> for x in repeater('Hi'):
...     print(x)

'Hi'
'Hi'
'Hi'
'Hi'
'Hi'
...
```

代码能正常工作，但依然是无限循环输出问候语。这个简短的生成器实现似乎与 `Repeater` 类相同。（如果想在解释器会话中跳出无限循环，请按 Ctrl + C。）

那么生成器是如何工作的呢？生成器看起来像普通函数，但行为完全不同。提醒一下初学者，调用生成器函数并不会运行该函数，仅仅创建并返回一个**生成器**对象：

```
>>> repeater('Hey')
<generator object repeater at 0x107bcdbf8>
```

只有在对生成器对象上调用 `next()` 时才会执行生成器函数中的代码：

```
>>> generator_obj = repeater('Hey')
>>> next(generator_obj)
'Hey'
```

如果细看 `repeater` 函数的代码，就会发现 `yield` 关键字像是在某种程度上停止这个生成器函数的执行，然后在稍后的时间点恢复：

```
def repeater(value):
    while True:
        yield value
```

这种心智模型很符合实际情况。当函数内部调用 return 语句时，控制权会永久性地交还给函数的调用者。在调用 yield 时，虽然控制权也是交还给函数的调用者，但只是**暂时**的。

return 语句会丢弃函数的局部状态，而 yield 语句会暂停该函数并保留其局部状态。实际上，这意味着局部变量和生成器函数的执行状态只是暂时隐藏起来，不会被完全抛弃。再次调用生成器的 next() 能够恢复执行函数：

```
>>> iterator = repeater('Hi')
>>> next(iterator)
'Hi'
>>> next(iterator)
'Hi'
>>> next(iterator)
'Hi'
```

这使得生成器完全兼容迭代器协议，因此我喜欢将生成器看作主要用来实现迭代器的语法糖。

对于大多数类型的迭代器来说，编写生成器函数比定义冗长的基于类的迭代器更容易且更易读。

6.5.2　能够停下来的生成器

本节开始时又编写了一个**无限**生成器。现在你可能想知道如何编写能够在一段时间后停下来的生成器，而不是一直运行下去。

回忆一下，在基于类的迭代器中，可以通过手动引发 StopIteration 异常来表示迭代结束。因为生成器与基于类的迭代器完全兼容，所以背后仍然使用这种方法。

幸运的是，程序员现在可以使用更好的接口。如果控制流从生成器函数中返回，但不是通过 yield 语句，那么生成器就会停止。这意味着不必再抛出 StopIteration 了。

来看一个例子：

```
def repeat_three_times(value):
    yield value
    yield value
    yield value
```

注意这个生成器函数中没有循环，只是简单地包含了三条 yield 语句。如果 yield 暂时中止函数的执行并将值传递给调用者，那么当到达该生成器的末尾时会发生什么？让我们来看看：

```
>>> for x in repeat_three_times('Hey there'):
...     print(x)

'Hey there' 'Hey
there' 'Hey
there'
```

你可能已经预料到，该生成器在迭代三次后停止产生新值。我们可以假设这是通过当执行到函数结尾时引发 StopIteration 异常来实现的。通过另一个实验来确认一下：

```
>>> iterator = repeat_three_times('Hey there')
>>> next(iterator)
'Hey there'
>>> next(iterator)
'Hey there'
>>> next(iterator)
'Hey there'
>>> next(iterator)
StopIteration
>>> next(iterator)
StopIteration
```

这个迭代器表现得和预期的一样。一旦到达生成器函数的末尾，就会不断抛出 StopIteration 以表示所有值都用完了。

回到 6.4 节的另一个例子。BoundedIterator 类实现了一个只会重复特定次数的迭代器：

```
class BoundedRepeater:
    def __init__(self, value, max_repeats):
        self.value = value
        self.max_repeats = max_repeats
        self.count = 0

    def __iter__(self):
        return self

    def __next__(self):
        if self.count >= self.max_repeats:
            raise StopIteration
        self.count += 1
        return self.value
```

为什么不尝试以生成器函数重新实现这个 BoundedRepeater 类呢？下面是第一次尝试：

```
def bounded_repeater(value, max_repeats):
    count = 0
    while True:
        if count >= max_repeats:
            return
        count += 1
        yield value
```

由于想演示在生成器中使用 return 语句会终止迭代并产生 StopIteration 异常，因此这个函数中的 while 循环有点笨拙。后面很快会整理并简化这个生成器函数，但先尝试一下目前的代码：

```
>>> for x in bounded_repeater('Hi', 4):
...     print(x)

'Hi'
'Hi'
'Hi'
'Hi'
```

很好，现在有一个能重复特定次数后终止的生成器。它使用 `yield` 语句传回值，直到碰到 `return` 语句后停止迭代。

就像刚刚说的那样，这个生成器可以进一步简化。利用 Python 为每个函数的末尾添加一个隐式 `return None` 语句的特性，我们来编写下面这个最终版：

```
def bounded_repeater(value, max_repeats):
    for i in range(max_repeats):
        yield value
```

可以确定，简化后的生成器仍然以相同的方式工作。所有方面都考虑到了，从 `BoundedRepeater` 类中的 12 行实现转到了基于生成器的 3 行实现，功能完全相同，同时代码行数减少了 75%，还不赖吧！

正如刚才看到的，与编写基于类的迭代器相比，生成器能帮助“抽象出”大部分样板代码，减轻程序员的负担，从而编写出更简短和易于维护的迭代器。生成器函数是 Python 中的一个重要特性，应该毫不犹豫地应用到自己的程序中。

6.5.3　关键要点

- 生成器函数是一种语法糖，用于编写支持迭代器协议的对象。与编写基于类的迭代器相比，生成器能抽象出许多样板代码。
- `yield` 语句用来暂时中止执行生成器函数并传回值。
- 在生成器中，控制流通过非 `yield` 语句离开会抛出 `StopInteration` 异常。

6.6　生成器表达式

随着深入了解并在代码中以不同的方法实现 Python 迭代器协议后，我意识到“语法糖”是一个不断出现的主题。

你已经看到，基于类的迭代器和生成器函数在底层都使用了相同的设计模式。

生成器函数能够用来快速在代码中支持迭代器协议，与基于类的迭代器相比省去了大量烦琐的工作。这些特殊的语法或**语法糖**既节省了时间，又减轻了开发人员的工作负担。

这种情况在 Python 和其他编程语言中不断出现。在程序中使用某个设计模式的人越多，语言创建者就越有可能将这个设计模式抽象出来并提供快捷的实现。

程序设计语言就这样随着时间不断演变。开发者从中受益，得到越来越强大的组件，减少了烦琐的工作，从而在更短的时间内实现更多的功能。

从之前章节可以看出，生成器为编写基于类的迭代器提供了语法糖。本节将介绍的**生成器表达式**则在此之上又添加了一层语法糖。

生成器表达式能够更方便地编写迭代器，看起来像是简化后的列表解析式语法。生成器表达式用一行代码就能定义迭代器。

来看一个例子：

```
iterator = ('Hello' for i in range(3))
```

迭代完成后，这个生成器表达式产生的值序列与前一节中的 bounded_repeater 生成器函数相同。这里再次把 bounded_repeater 列出来以防你忘记了：

```
def bounded_repeater(value, max_repeats):
    for i in range(max_repeats):
        yield value

iterator = bounded_repeater('Hello', 3)
```

从代码量上来看，生成器函数需要 4 行，基于类的迭代器需要更多，而现在生成器表达式只要 1 行，很了不起吧！

但这里走得太快了，先脚踏实地，确保生成器表达式定义的迭代器能按预期工作：

```
>>> iterator = ('Hello' for i in range(3))
>>> for x in iterator:
...     print(x)

'Hello'
'Hello'
'Hello'
```

看起来很不错！单行生成器表达式似乎获得了和 bounded_repeater 生成器函数相同的结果。

但有一点需要注意，生成器表达式一经使用就不能重新启动或重用，所以在某些情况下生成器函数或基于类的迭代器更加合适。

6.6.1 生成器表达式与列表解析式

从前面可以看到，生成器表达式与列表解析式有些类似：

```
>>> listcomp = ['Hello' for i in range(3)]
>>> genexpr = ('Hello' for i in range(3))
```

但与列表解析式不同，生成器表达式不会构造列表对象，而是像基于类的迭代器或生成器函数那样“即时”生成值。

将生成器表达式分配给变量能够得到一个可用的“生成器对象”：

```
>>> listcomp
['Hello', 'Hello', 'Hello']

>>> genexpr
<generator object <genexpr> at 0x1036c3200>
```

与其他迭代器一样，需要调用 `next()` 获取由生成器表达式生成的值：

```
>>> next(genexpr)
'Hello'
>>> next(genexpr)
'Hello'
>>> next(genexpr)
'Hello'
>>> next(genexpr)
StopIteration
```

也可以对生成器表达式调用 `list()` 函数来构造一个包含所有生成值的列表对象：

```
>>> genexpr = ('Hello' for i in range(3))
>>> list(genexpr)
['Hello', 'Hello', 'Hello']
```

当然，这里只是为了展示如何将生成器表达式（或其他任何迭代器）转换为列表。如果真的需要一个列表对象，那么通常从一开始就会直接编写一个列表解析式。

下面来仔细看看这个简单的生成器表达式的语法结构，初始的基本模式看起来如下所示：

```
genexpr = (expression for item in collection)
```

上面的生成器表达式“模板”对应于下面这个生成器函数：

```
def generator():
    for item in collection:
        yield expression
```

和列表解析式一样，这种固定模式可用来将许多生成器函数转换为简洁的**生成器表达式**。

6.6.2　过滤值

还可以为上面的模板添加条件来过滤元素，来看一个例子：

```
>>> even_squares = (x * x for x in range(10)
                    if x % 2 == 0)
```

这个生成器产生从 0 到 9 所有偶数的平方数。过滤条件使用%（取模）运算符来排除所有不能被 2 整除的值：

```
>>> for x in even_squares:
...     print(x)

0 4 16 36 64
```

现在更新生成器表达式模板，在添加 if 条件过滤元素后，模板如下所示：

```
genexpr = (expression for item in collection
           if condition)
```

同样，这种模式对应下面这种直观但代码量更多的生成器函数，此时语法糖的优点就展现了出来：

```
def generator():
    for item in collection:
        if condition:
            yield expression
```

6.6.3 内联生成器表达式

因为生成器表达式也是表达式，所以可以与其他语句一起内联使用。例如，可以定义一个迭代器并立即在 for 循环中使用：

```
for x in ('Bom dia' for i in range(3)):
    print(x)
```

另外还有一个语法技巧可以美化生成器表达式。如果生成器表达式是作为函数中的单个参数使用，那么可以删除生成器表达式外层的括号：

```
>>> sum((x * 2 for x in range(10)))
90

# 与

>>> sum(x * 2 for x in range(10))
90
```

这样可以编写简洁且高性能的代码。因为表达式会像基于类的迭代器或生成器函数那样“即时”生成值，所以内存占用很低。

6.6.4 物极必反

像列表解析式一样，生成器表达式还可以处理更复杂的情况。比如嵌套多个 for 循环和添加链式过滤语句，让生成器表达式能处理许多情形：

```
(expr for x in xs if cond1
      for y in ys if cond2
      ...
      for z in zs if condN)
```

上面这个模式可转换为下面这个生成器函数逻辑：

```
for x in xs:
    if cond1:
       for y in ys:
           if cond2:
               ...
                   for z in zs:
                       if condN:
                           yield expr
```

这就是我想要提出的一个重要警告：不要编写这样深度嵌套的生成器表达式。从长远来看，过度嵌套的生成器表达式很难维护。

这是一个物极必反的情形，过度使用一个美丽而简单的工具会产生难以阅读和调试的程序。

与列表解析式一样，我个人会避免编写嵌套两层以上的生成器表达式。

生成器表达式是有用且具有 Python 特色的工具，但不能当作万金油来用。对于复杂的迭代器，最好编写生成器函数或者基于类的迭代器。

如果需要使用嵌套的生成器和复杂的过滤条件，通常最好将子生成器提取出来（这样就可以命名）然后再互相链接。下一节会介绍这一点。

如果还是不确定应该用哪种方法，那么就先编写几个不同的实现，然后从中选择可读性最好的实现。相信我，从长远来看这样能节省时间。

6.6.5　关键要点

- 生成器表达式与列表解析式类似，但不构造列表对象，而是像基于类的迭代器或生成器函数那样“即时”生成值。
- 生成器表达式一经使用就不能重新启动或重新使用。
- 生成器表达式最适合实现简单的“实时”迭代器，而对于复杂的迭代器，最好编写生成器函数或基于类的迭代器。

6.7　迭代器链

Python 中的迭代器还有另一个重要特性：可以链接多个迭代器，从而编写高效的数据处理“管道”。第一次见到这种模式是在 David Beazley 的 PyCon 演讲上，这给我留下了深刻的印象。

利用 Python 的生成器函数和生成器表达式能很快构建简洁而强大的**迭代器链**。本节将介绍迭代器链的实际用法，以及如何将其应用到自己的程序中。

快速回顾一下，生成器和生成器表达式是 Python 中编写迭代器的语法糖。与编写基于类的迭代器相比，这种方式能够省去许多样板代码。

普通函数只会产生一次返回值，而生成器会多次产生结果。可以认为生成器在整个生命周期中能**产生值的**“流”。

例如，下面的生成器中是一个计数器，每次调用 `next()`时会产生一个新值，从而生成从 1 到 8 的整数值：

```
def integers():
    for i in range(1, 9):
        yield i
```

你可以在 Python REPL 中运行来确认这个行为：

```
>>> chain = integers()
>>> list(chain)
[1, 2, 3, 4, 5, 6, 7, 8]
```

到目前为止并不太有趣，但下面来看一点厉害的。生成器可以相互“连接”，来构建像管道那样工作的高效数据处理算法。

你可以从 `integers()`生成器中获取值的“流”，将其再次送入另一个生成器。例如，计算传入的每个数的平方，之后再次传出：

```
def squared(seq):
    for i in seq:
        yield i * i
```


这就是“数据管道”或“生成器链”的功能：

```
>>> chain = squared(integers())
>>> list(chain)
[1, 4, 9, 16, 25, 36, 49, 64]
```

这个管道能继续添加新的组件。数据仅单向流动，并且每个处理步骤都通过严格定义的接口与其他处理步骤隔离。

这与 Unix 中的管道工作方式类似。我们也是将一系列过程链接在一起，每个过程的输出直接作为下一个过程的输入。

现在在管道上增加一个步骤，对每个值取负数然后传递给链中的下一个处理步骤：

```
def negated(seq):
    for i in seq:
        yield -i
```

如果重新构建生成器链并在最后加上 negated 生成器的话，就会得到下面的结果：

```
>>> chain = negated(squared(integers()))
>>> list(chain)
[-1, -4, -9, -16, -25, -36, -49, -64]
```

对于生成器链，我最喜欢的一点是其中**每次只处理一个元素**。链中的处理步骤之间没有缓冲区。

(1) integers 生成器产生一个值，如 3。

(2) 这个值"激活" squared 生成器来处理，得到 $3 \times 3 = 9$，并将其传递到下一阶段。

(3) 由 squared 生成器产生的平方数立即送入 negated 生成器，将其修改为–9 并再次 yield。

你可以继续扩展这个生成器链，添加自己的步骤来构建处理管道。生成器链可以高效执行并且很容易修改，因为链中的每一步都是一个单独的生成器函数。

这个处理管道中的每个生成器函数都非常简洁。下面通过一个小技巧来再次简化这个管道的定义，同时不会牺牲可读性：

```
integers = range(8)
squared = (i * i for i in integers)
negated = (-i for i in squared)
```

注意，这里将每个处理步骤替换成一个在前一步基础上处理的**生成器表达式**，等价于前面介绍的生成器链。

```
>>> negated
<generator object <genexpr> at 0x1098bcb48>
>>> list(negated)
[0, -1, -4, -9, -16, -25, -36, -49]
```

使用生成器表达式的唯一缺点是不能再使用函数参数进行配置，也不能在同一处理管道中多次重复使用相同的生成器表达式。

不过，你能够在构建这些管道时自由组合和匹配生成器表达式和普通生成器，有助于提高复杂管道的可读性。

关键要点

- 生成器可以链接在一起形成高效且可维护的数据处理管道。
- 互相链接的生成器会逐个处理在链中通过的每个元素。
- 生成器表达式可以用来编写简洁的管道定义，但可能会降低代码的可读性。

第 7 章 字典技巧

7

7.1 字典默认值

Python 的字典有一个 get()方法,在查找键的时候会提供备选值。这个方法适用于许多情况。下面通过一个简单的例子演示一下。假设有以下数据结构将用户 ID 映射到用户名:

```
name_for_userid = {
    382: 'Alice',
    950: 'Bob',
    590: 'Dilbert',
}
```

现在想用这个数据结构编写一个 greeting()函数,根据用户 ID 向用户返回问候语。第一个实现看起来可能像这样:

```
def greeting(userid):
    return 'Hi %s!' % name_for_userid[userid]
```

这进行了直观的字典查找。不过这个实现只有在用户 ID 位于 name_for_userid 字典中时才能正常工作。如果向 greeting 函数传递**无效**的用户 ID 则会抛出异常:

```
>>> greeting(382)
'Hi Alice!'

>>> greeting(33333333)
KeyError: 33333333
```

我们并不希望看到 KeyError 异常,因此最好在找不到用户 ID 时,让函数返回一个通用的问候语作为备选。

下面来实现这个想法。首先想到的可能是**在字典中查找键**,如果找不到这个用户 ID 就返回默认问候语:

```
def greeting(userid):
    if userid in name_for_userid:
        return 'Hi %s!' % name_for_userid[userid]
```

```
    else:
        return 'Hi there!'
```

对这个 greeting()实现使用之前的测试用例：

```
>>> greeting(382)
'Hi Alice!'

>>> greeting(33333333)
'Hi there!'
```

好多了，未知用户现在会得到通用的问候语，而在找到有效用户 ID 时会得到个性化的问候语。

虽然这个新实现能得到预期的结果，并且看起来短小简洁，但仍然可以改进。目前的方法有如下几个缺点。

- **效率低下**，需要查询字典两次。
- **冗长**，问候字符串有些重复。
- **不够有 Python 特色**，官方 Python 文档特别建议使用“请求原谅比获得许可要容易”（easier to ask for forgiveness than permission，EAFP）的编码风格：

> “这种通用的 Python 编码风格会先假定存在有效的键或属性，如果假设错误再捕获异常。”[①]

基于 EAFP 原则还有一种更好的实现，即不显式检查键是否包含在内，而是使用 try...except 块捕获 KeyError：

```
def greeting(userid):
    try:
        return 'Hi %s!' % name_for_userid[userid]
    except KeyError:
        return 'Hi there'
```

这种实现也满足最初的要求，而且无须查询字典两次。

然而还能将其进一步改进成更简洁的方案。Python 的字典上有 get()方法，其中可以传递一个用作备选值的“默认”参数：[②]

```
def greeting(userid):
    return 'Hi %s!' %
        name_for_userid.get( userid, 'there')
```

当调用 get()时，它会检查字典中是否存在给定的键。如果存在，则返回该键对应的值。如果不存在，则返回默认的备选值。从上面可以看到，这个 greeting 的实现仍然按照预期工作：

---

① 详见 Python 术语表：“EAFP”。

② 详见 Python 文档：“dict.get() method”。

```
>>> greeting(950)
'Hi Bob!'

>>> greeting(333333)
'Hi there!'
```

最终版的 `greeting()`实现干净简洁，只用到了 Python 标准库中的特性。因此我认为这是针对这种特殊情况的最佳解决方案。

关键要点

- 测试包含关系时应避免显式检查**字典的键**。
- 建议使用 EAFP 风格的异常处理或使用内置的 `get()`方法。
- 在某些情况下，可以使用标准库中的 `collections.defaultdict` 类。

7.2 字典排序

Python 字典是无序的，因此迭代时无法确保能以相同的顺序得到字典元素（从 Python 3.6 开始，字典会保有顺序[①]）。

但有时需要根据某项属性，如字典的键、值或其他派生属性对字典中的项排序。假设有一个带有以下键值对的字典 `xs`：

```
>>> xs = {'a': 4, 'c': 2, 'b': 3, 'd': 1}
```

为了获得以字典中键值对组成的有序列表，可以先使用字典的 `items()`方法获得列表，接着对其排序：

```
>>> sorted(xs.items())
[('a', 4), ('b', 3), ('c', 2), ('d', 1)]
```

这个键值对的元组根据 Python 中的标准词典顺序排列。

比较两个元组时，Python 首先比较存储在索引 0 位置的项。如果不相同，则返回比较结果；如果相同，则继续比较索引 1 处的两个项，以此类推。

因为这个元组来自于字典，所以每个元组中索引 0 的字典键都是唯一的，排序不会破坏字典中已有的关系。

我们有时候需要按字典的键来排序，但有些时候则希望按值对字典排序。

① 这里的有序是插入顺序，并不是键或值的比较顺序。在 Python 3.7 中，已经将有序作为语言特性确定下来了。——译者注

幸运的是，有一种方法可以控制字典项的排序方式。向 `sorted()` 函数传递一个 **key 函数**能够改变字典项的比较方式。

key 函数是一个普通的 Python 函数，在比较之前会在每个元素上调用。key 函数将一个字典项作为其输入，然后为排序返回比较所需的 key。

这里在不同语境中使用了“key”这个词，key 函数和字典的键（key）无关，前者只是将每个输入项映射成一个用于比较的 key。

来看一个例子，通过真实的代码来帮助理解 key 函数。

如果想根据字典项的**值**来排序字典，可以使用下面的 key 函数，这个函数会返回键值对元组中的第二个元素：

```
>>> sorted(xs.items(), key=lambda x: x[1])
[('d', 1), ('c', 2), ('b', 3), ('a', 4)]
```

现在得到了基于原字典中的值排序得到的键值对列表。key 函数的概念很强大，能应用于许多 Python 情形，因此值得花一些时间来掌握其工作方式。

事实上，由于这个概念及其常见，因此 Python 的标准库包含了 `operator` 模块。`operator` 模块将一些常用的 key 函数实现为即插即用的组件，如 `operator.itemgetter` 和 `operator.attrgetter`。

下面这个示例用 `operator.itemgetter` 替换了第一个示例中基于 lambda 的索引查找：

```
>>> import operator
>>> sorted(xs.items(), key=operator.itemgetter(1))
[('d', 1), ('c', 2), ('b', 3), ('a', 4)]
```

有时使用 `operator` 模块能更清楚地传达代码的意图，但有时使用简单的 lambda 表达式编写的代码就已经有足够的可读性且含义更加明确。在这个特定的例子中，我更喜欢 lambda 表达式。

使用 lambda 作为自定义 key 函数的另一个好处是可以更细致地控制排列顺序。例如，还可以根据存储的每个值的绝对值对字典排序：

```
>>> sorted(xs.items(), key=lambda x: abs(x[1]))
```

如果需要逆序排列以便把最大值放在前面，则可以在调用 `sorted()` 时使用 `reverse=True` 关键字参数：

```
>>> sorted(xs.items(),
           key=lambda x: x[1],
           reverse=True)
[('a', 4), ('b', 3), ('c', 2), ('d', 1)]
```

就像刚刚说的那样，值得花费一些时间来掌握 Python 中 key 函数的工作方式。key 函数提供了很大的灵活性，通常可以省去编写用于在不同数据结构之间转换的代码。

关键要点

- 在创建字典和其他集合的有序“视图”时，可以通过 **key 函数**决定排序方式。
- **key 函数**是 Python 中的一个重要概念，标准库中的 `operator` 模块添加了许多经常使用的 key 函数。
- 函数是 Python 中的一等公民，是在 Python 中无处不在的强大特性。

7.3 用字典模拟 switch/case 语句

Python 没有 `switch/case` 语句，因此有时候需要用很长的 `if...elif...else` 链作为替代品。本节将介绍一个在 Python 中使用字典和头等函数来模拟 `switch/case` 语句的技巧。听起来很激动人心，下面开始吧！

假设程序中有以下 `if` 链：

```
>>> if cond == 'cond_a':
...     handle_a()
... elif cond == 'cond_b':
...     handle_b()
... else:
...     handle_default()
```

当然，这里只有三种情况，还不算太糟。但如果有十几个 `elif` 分支，那么就有点麻烦了。我认为非常长的 `if` 语句链是一种糟糕的编码方式，让程序难以阅读和维护。

用字典查找表可以模拟 `switch/case` 语句的行为，从而替换这种很长的 `if...elif...else` 语句。

思路是利用 Python 中**头等函数**的特性，即函数可以作为参数传递给其他函数，也可作为其他函数的值返回，还可以分配给变量并存储在数据结构中。

例如，我们可以定义一个函数并存储在列表中以备后用：

```
>>> def myfunc(a, b):
...     return a + b
...
>>> funcs = [myfunc]
>>> funcs[0]
<function myfunc at 0x107012230>
```

调用该函数的语法很直观，只需要在列表中使用索引访问，然后用 `()` 调用语法来调用函数并传递参数：

```
>>> funcs[0](2, 3)
5
```

那么如何使用头等函数的特性简化链式 if 语句呢？核心思想是定义一个字典，在字典的键值对中，键是输入条件，值是用来执行对应操作的函数：

```
>>> func_dict = {
...     'cond_a': handle_a,
...     'cond_b': handle_b
... }
```

这样就不必通过 if 语句进行筛选，而是在检查每个条件时，查找对应的字典键来获取并调用相应的处理函数：

```
>>> cond = 'cond_a'
>>> func_dict[cond]()
```

这个实现差不多可以工作了，只要 cond 位于字典中即可。如果不存在，则会得到 KeyError 异常。

因此还需要用一种方法来支持**默认**情况以便对应 if 语句中的 else 分支。幸运的是 Python 字典有一个 get()方法，用来返回给定键的值；如果找不到，则返回一个默认值。这正好能用于此处：

```
>>> func_dict.get(cond, handle_default)()
```

这段代码可能乍一看语法很奇怪，但在深入剖析后，你会发现其工作方式与前面的例子完全相同。这里又用到了 Python 的头等函数特性，将 handle_default 传递给 get()作为查找的备选值。此时如果在字典中找不到某个条件就会调用默认处理函数，不会再抛出 KeyError。

下面来看一个更完整的例子，其中使用了字典查找和头等函数替换 if 语句链。你阅读完下面这个示例就能明白这种固定模式，它用来将某些类型的 if 语句转换为基于字典的分支决策。

首先用 if 链来编写一个函数，之后再转成字典形式。该函数接受像 add 或 mul 这样的字符串操作码，然后对操作数 x 和 y 进行一些运算：

```
>>> def dispatch_if(operator, x, y):
...     if operator == 'add':
...         return x + y
...     elif operator == 'sub':
...         return x - y
...     elif operator == 'mul':
...         return x * y
...     elif operator == 'div':
...         return x / y
```

说实话，虽然这只是另一个简单的示例（完整的例子需要粘贴大段无聊的代码），但能很好地说明底层的设计模式。一旦理解这种模式，就能将其应用于各种不同的场景。

你可以尝试调用 dispatch_if()函数,向其传递字符串操作码和两个数来执行简单的计算：

```
>>> dispatch_if('mul', 2, 8)
16
>>> dispatch_if('unknown', 2, 8)
None
```

注意，unknown 的情形能够正常工作是因为 Python 会向所有函数结尾添加隐式的 return None 语句。

到现在为止还不错，现在将原始 dispatch_if()转换成一个新函数，其中使用字典将操作码映射到用于对应的头等函数中，以便执行相应的算术运算。

```
>>> def dispatch_dict(operator, x, y):
...     return {
...        'add': lambda: x + y,
...        'sub': lambda: x - y,
...        'mul': lambda: x *  y,
...        'div': lambda: x /  y,
...    }.get(operator, lambda: None)()
```

这种基于字典的实现结果与原始 dispatch_if()相同。两个函数的调用方式完全相同：

```
>>> dispatch_dict('mul', 2, 8)
16
>>> dispatch_dict('unknown', 2, 8)
None
```

这段代码还可在几个方面继续改进从而达到实用水准。

首先，每次调用 dispatch_dict()时都会为操作码查找创建一个临时字典和一串 lambda 表达式，从性能角度来看这并不理想。对于注重性能的代码，可以先创建字典并将其作为常量，之后调用该函数时可以再次引用这个字典，不用每次查找时都重新创建。

其次，如果真的想做一些像 x + y 这样简单的算术，那么最好使用 Python 的内置 operator 模块，而不是使用示例中的 lambda 函数。operator 模块实现了所有的 Python 操作符，例如 operator.mul 和 operator.div 等。不过这不是什么大问题。前面只是故意使用 lambda 来让例子更具普适性，有助于你将这种模式应用到其他情况。

现在你又学会了一种技巧，可以用来简化某些冗长的 if 语句链。但要记住，这种技术不是万金油，有时用简单的 if 语句会更好。

关键要点

- ❑ Python 没有 `switch/case` 语句，但在某些情况下可以使用基于字典的调度表来避免长 `if` 语句链。
- ❑ 这个技巧再次证明了 Python 的头等函数是强大的工具，但能力越大，责任越大。

7.4 “最疯狂”的字典表达式

有时候你会突然碰到一段很有深度的代码，仔细琢磨就能从中学到很多关于这门语言的知识。这样的代码片段就像一个禅宗的“公案”修行——从问题或故事中引出疑问再接引禅徒。

本节将要讨论的一小段代码就是这样的一个例子。这段代码乍看起来可能像一个普通的字典表达式，但深入体会就会让你对 CPython 解释器来一次扩展心智的旅程。

我很看重这行代码，有一次把它印了在我的 Python 会议徽章上。以这行代码充当话头，我和其他 Python 参会人员进行了一些受益匪浅的对话。

言归正传，来看代码。花点时间思考下面的字典表达式以及其效果：

```
>>> {True: 'yes', 1: 'no', 1.0: 'maybe'}
```

我留点时间给大家……

准备好了吗？

下面是这个字典表达式在 CPython 解释器会话中得到的结果：

```
>>> {True: 'yes', 1: 'no', 1.0: 'maybe'}
{True: 'maybe'}
```

我承认，第一次看到这个结果时我也很惊讶。但逐步深究就会发现这一切都是有道理的，所以来思考一下为什么会得到这个出人意料的结果。

当 Python 处理这个字典表达式时，首先会构造一个新的空字典对象，然后按照字典表达式中给出的顺序添加键和值。

因此，前面的字典表达式可分解成下面这些依次执行的语句：

```
>>> xs = dict()
>>> xs[True] = 'yes'
>>> xs[1] = 'no'
>>> xs[1.0] = 'maybe'
```

说来也怪，Python 认为本例中使用的所有字典键都是**相等**的：

```
>>> True == 1 == 1.0
True
```

好吧，但等一下。1.0 == 1 可以接受，但为什么 True 也会等于 1 呢？第一次看到这个字典表达式时，我也被难住了。

在查阅了 Python 文档之后，我发现 Python 将 bool 视为 int 的子类。Python 2 和 Python 3 都是如此：

> “布尔类型是整数类型的子类型，布尔值在几乎所有环境中的行为都类似于值 0 和 1，但在转换为字符串时，分别得到的是字符串 False 或 True。”[1]

这意味着**从技术上**来说，布尔值可以作为 Python 中列表或元组的索引：

```
>>> ['no', 'yes'][True]
'yes'
```

但是为了清楚地表达代码的含义，也为了不要让同事抓狂，请**不要**以这样的方式使用布尔变量。

不管怎样，现在回到那个字典表达式。

就 Python 而言，True、1 和 1.0 都表示**相同的字典键**。当解释器处理字典表达式时，会不断用后续键的值覆盖 True 键的值。因此最终产生的字典只包含一个键。

在继续之前，再看看原字典表达式：

```
>>> {True: 'yes', 1: 'no', 1.0: 'maybe'}
{True: 'maybe'}
```

为什么得到的键依然是 True？由于重复赋值，最后键不应该修改为 1.0 吗？

在研究了一番 CPython 解释器源码之后，我发现 Python 的字典在将新值与键关联时不会自动更新键对象：

```
>>> ys = {1.0: 'no'}
>>> ys[True] = 'yes'
>>> ys
{1.0: 'yes'}
```

当然，从性能优化的角度上说得通。如果键相同，那为什么要花时间更新原来的键呢？

由于上个例子中永远不会替换第一个作为键的 True 对象，因此字典的字符串表示仍然将该键输出为 True（而不是 1 或 1.0）。

就目前掌握的信息来看，最后字典中的值被覆盖只是因为各自的键都相等。但事实上，这也不单单是因为键的__eq__相等。

① 详见 Python 文档：“The Standard Type Hierarchy”。

Python 字典本质上是散列表数据结构。在第一次看到这个令人惊讶的字典表达式时，直觉告诉我这种行为与散列冲突有关。

散列表在内部根据每个键的散列值将键存储在不同“桶”中。散列值是根据键生成的固定长度的数值，用来标识这个键。

使用散列值能做到快速查找。查找键对象需要将对象整体与其他键对象逐一比较，而在查找表中查找键对应的数值散列值就要快得多。

然而计算散列值的方法一般做不到十全十美。实际上，不同的键可能会得到相同的散列值，因此这些键最终会落到查找表中相同的桶里。

如果两个键具有相同的散列值，称之为**散列冲突**。散列表中用于插入和查找元素的算法需要处理这些特殊情况。

根据这些背景，前面那个字典表达式得到的惊人结果可能与散列有些关系，所以下面来验证一下键的散列值是否真的导致了这样的结果。

我定义了下面这个类作为验证工具：

```
class AlwaysEquals:
    def __eq__(self, other):
        return True

    def __hash__(self):
        return id(self)
```

这个类有两个特殊的地方。

首先，因为其中的__eq__双下划线方法总是返回 `True`，所以这个类的所有实例都会假装相互之间相等：

```
>>> AlwaysEquals() == AlwaysEquals()
True
>>> AlwaysEquals() == 42
True
>>> AlwaysEquals() == 'waaat?'
True
```

其次，每个 `AlwaysEquals` 实例还将返回由内置 `id()` 函数生成的唯一散列值：

```
>>> objects = [AlwaysEquals(),
               AlwaysEquals(),
               AlwaysEquals()]
>>> [hash(obj) for obj in objects]
[4574298968, 4574287912, 4574287072]
```

在 CPython 中，`id()` 返回内存中对象的地址，并且确定是唯一的。

因此这个类可以创建一些假装相互相等的对象，但其各自的散列值不同，以此来验证字典键是否只根据相等性比较结果进行覆盖了。

从下面的例子可以看到，即使键都相等，相互之间也不会覆盖：

```
>>> {AlwaysEquals(): 'yes', AlwaysEquals(): 'no'}
{ <AlwaysEquals object at 0x110a3c588>: 'yes',
  <AlwaysEquals object at 0x110a3cf98>: 'no' }
```

反过来还可以验证若只是散列值相同是否会覆盖字典的键：

```
class SameHash:
    def __hash__(self):
        return 1
```

这个 `SameHash` 类的实例相互之间不相等，但散列值都为 `1`：

```
>>> a = SameHash()
>>> b = SameHash()
>>> a == b
False
>>> hash(a), hash(b)
(1, 1)
```

现在尝试使用 `SameHash` 类的实例作为字典键，来看看 Python 字典的处理结果：

```
>>> {a: 'a', b: 'b'}
{ <SameHash instance at 0x7f7159020cb0>: 'a',
  <SameHash instance at 0x7f7159020cf8>: 'b' }
```

从上可以看出，单单由于散列值相同引起的冲突并不会覆盖字典的键。

只有在两个对象相等，且散列值也相同的情况下，字典才会认为这两个键相同。来试着结合原来的示例总结一下。

`{True: 'yes', 1: 'no', 1.0: 'maybe'}`字典表达式的计算结果为`{True: 'maybe'}`，因为 `True`、`1` 和 `1.0` 的键都相等，并且都具有相同的散列值：

```
>>> True == 1 == 1.0
True
>>> (hash(True), hash(1), hash(1.0))
(1, 1, 1)
```

现在这个字典表达式的结果也许就不怎么令人惊讶了：

```
>>> {True: 'yes', 1: 'no', 1.0: 'maybe'}
{True: 'maybe'}
```

这里涉及了很多主题，且这个特殊的 Python 技巧起初可能有点令人难以置信，所以在最初我将其比作“公案”。

如果你觉得本节的内容很难理解，请尝试在 Python 解释器会话中逐个运行代码示例，从中会掌握更多关于 Python 内部的知识。

关键要点

- 只有键的__eq__比较结果和散列值都相同的情况下，字典才会认为这些是相同的键。
- 某些出乎意料的字典键冲突可能会导致令人惊讶的结果。

7.5　合并词典的几种方式

你有没有为某个 Python 程序搭建过配置系统？搭建这种系统的常见做法是采用具有默认配置选项的数据结构，然后从用户输入或其他配置来源中有选择地覆盖默认值。

我经常使用字典作为底层数据结构来表示配置中的键和值，因此需要一种方法来将配置的默认值和用户覆盖的值**合并**到单个字典中，作为最终配置值。

通俗来说，有时需要将两个或更多字典合并为一个字典，让生成的字典包含各字典的键和值。

本节将介绍几种合并字典的方法，先通过一个简单的例子入手。假设有下面这两个字典：

```
>>> xs = {'a': 1, 'b': 2}
>>> ys = {'b': 3, 'c': 4}
```

现在要创建一个新的字典 zs，其中包含 xs 和 ys 中的所有键和值。如果仔细阅读示例，会发现字符串'b'在这两个字典中都作为键出现了，因此还需要考虑如何处理重复键的冲突问题。

在 Python 中合并多个字典的经典办法是使用内置字典的 update()方法：

```
>>> zs = {}
>>> zs.update(xs)
>>> zs.update(ys)
```

你可能对 update()感到好奇，其基本实现相当于遍历右侧字典中的所有项，并将每个键值对添加到左侧字典中，在此过程中会用新的值覆盖现有键对应的值：

```
def update(dict1, dict2):
    for key, value in dict2.items():
        dict1[key] = value
```

函数会产生一个新的字典 zs，其中包含了在 xs 和 ys 中定义的键：

```
>>> zs
>>> {'c': 4, 'a': 1, 'b': 3}
```

从中可以看出，调用 update()的顺序决定了冲突的解决方式。新字典以最后更新的字典为主，比如 xs 和 ys 中都含有的键'b'现在与 ys（第二个字典）的值 3 关联起来。

这个update()调用可以随意扩展，因此能够合并任意数量的字典。这个办法实用且易读，Python 2 和 Python 3 都可用。

另一个在 Python 2 和 Python 3 中合并字典的办法是结合内置的dict()与**操作符来“拆包”对象：

```
>>> zs = dict(xs, **ys)
>>> zs
{'a': 1, 'c': 4, 'b': 3}
```

但与多次调用update()一样，这种方式只适用于合并**两个**字典，无法一次合并多个字典。

从 Python 3.5 开始，**操作符变得更加灵活。[①]因此在 Python 3.5+中还有另外一种更漂亮的方法来合并任意数量的字典：

```
>>> zs = {**xs, **ys}
```

该表达式的结果与依次调用update()完全相同。键和值按照从左到右的顺序设置，所以解决冲突的方式也相同，都是右侧优先。ys 中的值覆盖 xs 中相同键下已有的值。查看合并后的字典可以清楚地看到这一点：

```
>>> zs
>>> {'c': 4, 'a': 1, 'b': 3}
```

我个人喜欢这种简洁但依然具有可读性的新语法。在冗长和简洁之间总是会有一个平衡点，最大限度地让代码既可读又可维护。

因此如果使用的是 Python 3，则建议使用这种新语法。**操作符还有一个优点是执行起来比依次调用update()更快。

关键要点

- 在 Python 3.5 及更高版本中，使用**操作符可在一个表达式内合并多个字典对象，现有的键从左向右依次覆盖。
- 若想兼容旧版本的 Python，则需要用到内置字典的update()方法。

7.6 美观地输出字典

你可能试过在程序中插入许多 print 语句来跟踪执行流程，以此来调试 bug 或生成日志信息来输出某些配置设置。

我在 Python 中以字符串形式打印一些数据结构时，输出结果会难以阅读，因此我常常感到

① 详见 PEP 448：“Additional Unpacking Generalizations”。

很沮丧。例如下面有个简单的字典，在解释器会话中输出时不仅键是乱序排列，而且字符串中也没有缩进：

```
>>> mapping = {'a': 23, 'b': 42, 'c': 0xc0ffee}
>>> str(mapping)
{'b': 42, 'c': 12648430, 'a': 23}
```

幸运的是，有一些方便的方法能直观地将字典转换成可读的结果。一种是使用 Python 的内置 json 模块，即使用 json.dumps()以更好的格式输出 Python 字典：

```
>>> import json
>>> json.dumps(mapping, indent=4, sort_keys=True)

{
    "a": 23,
    "b": 42,
    "c": 12648430
}
```

这些设置会生成带有缩进的字符串表示形式，同时对字典键的顺序进行规范化处理以提高可读性。

虽然结果看起来不错且可读，但还不是完美的解决方案。json 模块只能序列化含有特定类型的字典。对于 Python 3.7[①]，能够序列化的内置类型有：

- dict
- list、tuple
- str
- int、float（和一些 Enum）
- bool
- None

这意味着如果字典含有不支持的数据类型，如函数，那么在打印时会遇到问题：

```
>>> json.dumps({all: 'yup'})
TypeError: "keys must be a string"
```

尝试使用 json.dumps()来序列化其他内置数据类型也会遇到这种问题：

```
>>> mapping['d'] = {1, 2, 3}
>>> json.dumps(mapping)
TypeError: "set([1, 2, 3]) is not JSON serializable"
```

此外，在序列化 Unicode 文本时可能会遇到问题——将从 json.dumps()得到的字符串复制粘贴到 Python 解释器会话中有时并不能重建原字典对象。

---

① 详见 Python 文档：“json module”。

总之这种方法有许多缺点，下面来看另一种更通用的方法。在 Python 中美观输出对象的经典办法是使用内置的 pprint 模块，来看一个例子：

```
>>> import pprint
>>> pprint.pprint(mapping)
{'a': 23, 'b': 42, 'c': 12648430, 'd': set([1, 2, 3])}
```

可以看到，pprint 能够打印像集合这样的数据类型，同时还能以固定顺序打印字典键。与字典的标准字符串形式相比，其结果更适合阅读。

不过与 json.dumps() 相比，pprint 并不能很好地表示嵌套结构。有时这是优点，有时则是缺点。我偶尔会使用 json.dumps() 打印字典，其可读性和格式化都更好，但前提是字典中只含有 JSON 能够序列化的数据类型。

关键要点

- Python 中字典对象的默认字符串转换结果可能不适合阅读。
- pprint 和 json 模块是 Python 标准库内置模块，能精确、清晰地打印字典。
- 注意只能对 JSON 能够序列化的键和值类型使用 json.dumps()，否则会触发 TypeError。

第 8 章

Python 式高效技巧

8.1 探索 Python 的模块和对象

在 Python 解释器中可以直接交互式地探索模块和对象。这是一个被低估的特性，很容易被忽略，特别是对于刚刚从另一门语言切换到 Python 的人来说，更是如此。

对于许多编程语言来说，如果不查阅在线文档或认真学习接口定义，那么很难了解包或类的内部内容。

Python 就不一样，高效的开发人员会花费大量时间在 Python 的 REPL 会话中交互式地使用解释器。我就经常在 REPL 会话中编写小段代码，然后将其复制粘贴到编辑器正在处理的 Python 文件中。

本节将介绍两种用于在解释器中交互式地探索 Python 类和方法的简单技巧。

这些技巧可用于以任何方式安装的 Python，只需要在命令行中使用 `python` 命令启动 Python 解释器即可。这特别适合在无法使用高级编辑器或 IDE 的系统上调试会话，比如在终端会话中通过网络工作（ssh）。

准备好了吗？让我们开始吧！假设你正在编写一个程序，它使用 Python 标准库中的 `datetime` 模块。那么如何确定这个模块能导出哪些函数或类，以及这些类中有哪些方法和属性呢？

一种方法是使用搜索引擎或在网上查找官方的 Python 文档，而使用 Python 内置的 `dir()` 函数能直接在 Python REPL 中访问这些信息：

```
>>> import datetime
>>> dir(datetime)
['MAXYEAR', 'MINYEAR', '__builtins__', '__cached__',
'__doc__', '__file__', '__loader__', '__name__',
'__package__', '__spec__', '_divide_and_round',
'date', 'datetime', 'datetime_CAPI', 'time',
'timedelta', 'timezone', 'tzinfo']
```

在上面的例子中，首先从标准库导入 `datetime` 模块，然后用 `dir()` 函数查看这个模块。

在模块上调用 dir()可以得到按字母顺序排列的名称和属性列表。

由于 Python 中的一切皆为对象，因此这个技巧不仅适用于模块本身，还可用于模块导出的类和数据结构。

事实上，还可以对感兴趣的对象继续调用 dir()。例如下面查看了 datetime.date 类：

```
>>> dir(datetime.date)
['__add__', '__class__', ..., 'day', 'fromordinal',
'isocalendar', 'isoformat', 'isoweekday', 'max', 'min',
'month', 'replace', 'resolution', 'strftime',
'timetuple', 'today', 'toordinal', 'weekday', 'year']
```

从中可以看到，dir()能够让你快速浏览模块或类中可用的内容。如果不记得某个特定类或函数的确切拼写，使用 dir()无须中断当前编码流程就能查看相关信息。

在复杂的模块或类这样的对象上调用 dir()时，有时可能会产生冗长且难以快速阅读的输出内容。可以用下面这个小技巧过滤出感兴趣的属性列表：

```
>>> [_ for _ in dir(datetime) if 'date' in _.lower()]
['date', 'datetime', 'datetime_CAPI']
```

这里使用列表解析式来过滤 dir(datetime)调用的结果，仅显示包含单词 date 的名称。注意，我在每个名称上都调用了 lower()方法，以确保过滤时不区分大小写。

仅列出对象的属性有时并不足以解决手头的问题。那么关于 datetime 模块导出的函数和类，怎样才能获得更多、更详细的信息呢？

可以使用 Python 内置的 help()函数，以在 Python 的交互式帮助系统中浏览所有 Python 对象自动生成的文档：

```
>>> help(datetime)
```

如果在 Python 解释器会话中运行上述示例，那么终端将显示基于文本的帮助页面，其中有 datetime 模块的相关信息，如下所示：

```
Help on module datetime:

NAME
    datetime - Fast implementation of the datetime type.

CLASSES
    builtins.object
        date
            datetime
        time
```

使用光标上下键能滚动文档。按空格键会一次向下滚动几行。按 q 键会退出交互式帮助模式，回到解释器会话中。很不错的功能，对吧？

顺便说一句，可以在所有 Python 对象上调用 `help()`，包括其他内置函数和自定义的 Python 类。Python 解释器会根据对象及其文档字符串（如果有的话）自动生成帮助文档。下面的 `help()` 函数使用方式都是正确的：

```
>>> help(datetime.date)
>>> help(datetime.date.fromtimestamp)
>>> help(dir)
```

当然，`dir()` 和 `help()` 还是比不上格式良好的 HTML 文档、搜索引擎或 Stack Overflow。但这两个函数可用来在不离开 Python 解释器的情况下快速查找相关内容，同时还可以脱机使用，在特定情况下非常有用。

关键要点

- 使用内置的 `dir()` 函数可以在 Python 解释器会话中交互式地探索模块和类。
- 内置的 `help()` 函数可用来直接在解释器中浏览文档（按 q 键退出）。

8.2　用 virtualenv 隔离项目依赖关系

Python 有强大的打包系统，可用来管理程序的模块依赖关系。你可能已经用 `pip` 打包管理命令安装过第三方软件包。

使用 pip 安装有一个问题，那就是软件包默认会被安装到全局 Python 环境中。

当然，这样安装的新软件包能在系统上随意使用。但如果正在处理多个项目，每个项目需要同一个软件包的不同版本，那么很快就会导致一场噩梦。例如，一个项目需要库的 1.3 版本，而另一个项目需要这个库的 1.4 版本。

在全局安装软件包时，所有程序只能使用同一版本的 Python 软件包，因此会遇到版本冲突问题，就像电影 *Highlander*[①] 一样。

还可能更糟，不同的程序可能会用到不同版本的 Python。例如，有些程序仍然在 Python 2 上运行，而大部分新程序都是在 Python 3 中开发的；或者某个项目需要 Python 3.3，而其他所有项目都在 Python 3.6 上运行。

除此之外，全局安装 Python 软件包也会带来安全风险。修改全局环境通常需要用超级用户（root/admin）权限运行 `pip install` 命令。由于 pip 在安装新软件包时是从互联网下载代码并

① 电影 *Highlander* 里的主人公属于“异人”，但这些“异人”必须彼此残杀，争夺第一才能活下来。——译者注

执行，因此通常不建议用超级用户执行。虽然大家都希望代码是值得信赖的，但是谁知道它会真正做些什么？

8.2.1 使用虚拟环境

解决这些问题的办法是使用所谓的**虚拟环境**将各个 Python 环境分开，即按项目隔离 Python 依赖，每个项目能选择不同版本的 Python 解释器。

虚拟环境是一个隔离的 Python 环境。从物理上来说，虚拟环境位于一个文件夹中，其中含有所需的软件包和依赖，比如 Python 项目需要用到的本地代码库和解释器运行时。（实际上可能没有完全复制这些文件，只是使用了占用硬盘空间较少的符号链接。）

为了演示虚拟环境的工作方式，下面快速走一遍流程来设置一个新的环境（简称为 virtualenv），在其中安装第三方软件包。

首先来查看全局 Python 环境所在的位置。在 Linux 或 macOS 上，使用 `which` 命令行工具查找 pip 程序包管理器的路径：

```
$ which pip3
/usr/local/bin/pip3
```

我通常将虚拟环境直接放入项目文件夹中，以便更好地组织项目和分离环境。你可以自行决定，比如在专门的 python-environments 目录下保存所有项目的环境。

下面来创建一个新的 Python 虚拟环境：

```
$ python3 -m venv ./venv
```

执行这条命令会花一点时间，然后在当前目录中创建一个新的 venv 文件夹，其中含有基本的 Python 3 环境：

```
$ ls venv/
bin         include       lib         pyvenv.cfg
```

如果使用 `which` 命令检查当前的 pip 版本，会发现仍然指向全局环境，在这里是/usr/local/bin/pip3：

```
$ which pip3
/usr/local/bin/pip3
```

这意味着如果现在安装软件包，仍然是安装到全局 Python 环境中。因此创建一个虚拟环境文件夹还不够，用户需要显式**激活**新的虚拟环境，这样才会运行其中的 `pip` 命令：

```
$ source ./venv/bin/activate
(venv) $
```

运行 activate 命令将会让当前的 shell 会话使用虚拟环境中的 Python 和 pip 命令。[①]

注意，这会改变 shell 提示符，将激活的虚拟环境的名称包含在圆括号中：(venv)。现在再来看看当前使用的是哪个 pip 可执行文件：

```
(venv) $ which pip3
/Users/dan/my-project/venv/bin/pip3
```

从中可以看到，运行 pip3 命令不再执行全局环境中的程序，而是执行虚拟环境中的 pip。Python 解释器可执行文件也是如此，现在从命令行运行 python 也会从 venv 文件夹加载解释器：

```
(venv) $ which python
/Users/dan/my-project/venv/bin/python
```

注意，现在仍然是一个空白且完全干净的 Python 环境。运行 pip list 显示的已安装软件包列表只有寥寥几项，仅包含 pip 本身所需的基本模块：

```
(venv) $ pip list
pip (9.0.1)
setuptools (28.8.0)
```

现在继续在虚拟环境中安装一个 Python 软件包，此时需要用到熟悉的 pip install 命令：

```
(venv) $ pip install schedule
Collecting schedule
  Downloading schedule-0.4.2-py2.py3-none-any.whl
Installing collected packages: schedule
Successfully installed schedule-0.4.2
```

注意到这里有两个重要的变化：首先，运行 pip 命令不再需要管理员权限；其次，在当前虚拟环境中安装或更新软件包意味着这些文件最终都位于虚拟环境目录的子文件夹中。

因此，这个项目的依赖关系与系统上其他所有 Python 环境（包括全局的 Python）在物理上都是分离的。实际上现在获得了专门用于这个项目的 Python 运行时副本。

再次运行 pip list，会看到 schedule 库已成功安装到新环境中：

```
(venv) $ pip list
pip (9.0.1)
schedule (0.4.2)
setuptools (28.8.0)
```

只要这个环境在当前 shell 会话中一直处于激活状态，那么使用 python 命令或执行独立的.py 文件，都会使用虚拟环境中安装的 Python 解释器和依赖项。

但如何停止或“离开”虚拟环境呢？与 activate 命令类似，还有一个 deactivate 命令

① 在 Windows 上直接运行 activate 命令，不用加前缀。

可以回到全局环境：

```
(venv) $ deactivate
$ which pip3
/usr/local/bin
```

使用虚拟环境既有助于保持系统整洁，又能理清 Python 依赖关系。虚拟环境是一种最佳实践，所有 Python 项目都应该使用它来分离各自的依赖关系和避免版本冲突。

理解和使用虚拟环境之后，就能进一步使用更高级的依赖关系管理方法，如用 requirements.txt 文件指定项目依赖关系。

如果想深入探讨这个主题，了解更多的高效技巧，那么请务必查看 dbader.org 上的“管理 Python 依赖关系”（Managing Python Dependencies）课程。

8.2.2 关键要点

- 虚拟环境用来隔离项目依赖，既能帮助避免软件包的版本冲突，又能使用不同版本的 Python 运行时。
- 虚拟环境是一种最佳实践，所有 Python 项目都应使用它来存储依赖关系。这样能免去很多麻烦。

8.3 一窥字节码的究竟

CPython 解释器执行程序时，首先将其翻译成一系列的字节码指令。字节码是 Python 虚拟机的中间语言，可以提高程序的执行效率。

CPython 解释器不直接执行人类可读的源码，而是执行由编译器解析和语法语义分析产生的紧凑的数、常量和引用。

这样，再次执行相同程序时能节省时间和内存。因为编译步骤产生的字节码会以.pyc 和.pyo 文件的形式缓存在磁盘上，所以执行字节码比再次解析并执行相同的 Python 文件速度更快。

对程序员来说所有这些步骤都是完全透明的，无须在意这些中间转换步骤，也无须在意 Python 虚拟机如何处理字节码。实际上，字节码格式是实现细节，在各 Python 版本之间并不一定保持稳定或兼容。

窥探 CPython 解释器内部并了解其工作原理能够提升自己、获得启发。了解这些知识不仅能带来乐趣，更重要的是有助于编写更高效的代码。

以下面简单的 `greet()` 函数作为实验样本，从中学习 Python 字节码：

```
def greet(name):
    return 'Hello, ' + name + '!'

>>> greet('Guido')
'Hello, Guido!'
```

前面说过，CPython 在运行这段代码之前首先将其转换为中间语言。如果这种说法是真的，那么应该能够看到这个编译步骤的结果。我们也确实可以看到。

在 Python 3 中，每个函数都有__code__属性，这个属性可以获取 greet 函数用到的虚拟机指令、常量和变量：

```
>>> greet.__code__.co_code
b'd\x01|\x00\x17\x00d\x02\x17\x00S\x00'
>>> greet.__code__.co_consts
(None, 'Hello, ', '!')
>>> greet.__code__.co_varnames
('name',)
```

可以看到，co_consts 中含有 greet 函数中用来组装问候语的字符串。同时常量和代码分开存储以节省存储空间。常量是恒定的，永远不会改变，可以在多个地方互换使用。

因此，Python 没有在 co_code 指令流中重复存储实际的常量值，而是将 Python 中的常量单独存储在查找表中。之后指令流使用查找表中的索引来引用常量，存储在 co_varnames 字段中的变量也是如此。

我希望这个总体思想已经逐步明朗了，但看着 co_code 中复杂的指令流，似乎有点不现实。这种中间语言显然更适合 CPython 虚拟机使用，基于文本的源码才是供人类阅读的。

CPython 的开发人员也意识到了这一点，所以提供了另一个称为**反汇编器**的工具，以便更容易地查看字节码。

CPython 的字节码反汇编程序位于标准库的 dis 模块中。将其导入并在 greet 函数中调用 dis.dis()就能以稍微易于阅读的形式显示对应的字节码：

```
>>> import dis
>>> dis.dis(greet)
  2           0 LOAD_CONST               1('Hello, ')
              2 LOAD_FAST                0(name)
              4 BINARY_ADD
              6 LOAD_CONST               2('!')
              8 BINARY_ADD
             10 RETURN_VALUE
```

反汇编的主要工作是划分指令流，并为其中的每个**操作码**（opcode）赋予一个人类可读的名称，如 LOAD_CONST。

从中还可以看到常量和变量引用与字节码隔开了一段距离，其中的值也完整地打印了出来，省得我们根据索引在 co_const 或 co_varnames 表中手动查看，很不错吧！

通过这些人类可读的操作码，现在可以开始理解 CPython 如何表示和执行原 greet() 函数中的'Hello', + name +'!'表达式了。

解释器首先在索引 1 处（'Hello, '）查找常量并将其放在**栈**上，然后将 name 变量的内容放在**栈**上。

这个**栈**数据结构用作虚拟机的内部存储空间。虚拟机有不同的种类，其中有一种称为**栈式虚拟机**，CPython 虚拟机就是这种实现。既然以栈命名这种虚拟机，那么就不难看出这个数据结构在其中的重要性。

顺便说一句，这里只是介绍了一些皮毛。如果你对这个主题有兴趣，可以看看本节最后推荐的一本书。钻研虚拟机理论不仅能带来很多收获，也能带来很多乐趣。

栈作为抽象数据结构，其有趣之处在于只支持两种操作：**入栈**和**出栈**。**入栈**将一个值添加到栈顶，**出栈**删除并返回栈顶的值。与数组不同，栈无法访问栈顶下面的元素。

栈令人着迷，这么简单的数据结构却有着非常多的用途。不过这次我不会跑题了……

假设栈初始为空，在执行前两个操作码之后，虚拟机栈的内容（0 是最上面的元素）如下所示：

```
0: 'Guido' (contents of "name")
1: 'Hello, '
```

BINARY_ADD 指令从栈中弹出两个字符串值，并将它们连接起来，然后再次将结果压入栈：

```
0: 'Hello, Guido'
```

然后由另一个 LOAD_CONST 将感叹号字符串压入栈：

```
0: '!'
1: 'Hello, Guido'
```

下一个 BINARY_ADD 操作码再次将这两个字符串连接起来以生成最终的问候语字符串：

```
0: 'Hello, Guido!'
```

最后的字节码指令是 RETURN_VALUE，它告诉虚拟机当前位于栈顶的是该函数的返回值，可以传递给调用者。

瞧，我们刚刚跟踪了 greet() 函数在 CPython 虚拟机内部的执行过程，很棒吧？

关于虚拟机还有许多内容，但这不是本书的主题。如果你对这个迷人的主题感兴趣，我强烈建议阅读更多相关内容。

定义自己的字节码语言并尝试为之构建虚拟机会很有乐趣。关于虚拟机主题的书我推荐 Wilhelm 和 Seidl 所著的《编译器设计：虚拟机》（*Compiler Design: Virtual Machines*）。

关键要点

- CPython 首先将程序转换为中间字节码，然后在基于栈的虚拟机上运行字节码来执行程序。
- 使用内置的 `dis` 模块可深入了解并查看字节码。
- 虚拟机值得仔细研究。

第 9 章

结　　语

恭喜你一直坚持到了最后！现在是时候表扬一下自己了，因为大多数人买回一本书后就从来没有翻开过，或者只是读了读第 1 章。

然而读完本书后，真正的工作才刚刚开始。**看**和**做**之间的区别很大，你要将从本书中学到的技能和技巧运用到实际中，不要让它停留在书本上。

你可以尝试开始向代码中加入一些 Python 的高级功能，比如这里添加一个清晰简洁的生成器表达式，那里添加一个优雅的 `with` 语句……

如果你能正确使用这些功能，那么很快就会引起同行的注意。只要经过一些练习就可以合理地应用这些高级 Python 功能，从而让代码更具表现力。

相信我，你的同事们在一段时间后也会使用这些功能。如果他们向你请教，请慷慨地帮助他们。比如可以召集周围的人，向他们介绍从本书中学到的知识，甚至可以为同事们举办几期分享会来介绍如何“编写干净的 Python”。本书中的示例可以随意使用。

作为 Python 开发者，出色地完成工作和被他人看到出色地完成工作是有区别的。因此不要怕露头，如果将自己的技能和新发现的知识与众人分享，你的职业身涯也会受益匪浅。

我在自己的职业生涯和项目中也遵循同样的思维方式，所以一直在寻找改进本书和其他 Python 培训资料的方法。无论你想指出书中的错误，还是有问题想问，抑或想提供一些建设性的反馈意见，都可以给我发电子邮件：mail@dbader.org。

祝你在学习和使用 Python 时能感到快乐！

附：读者可以访问我的网站，并在 dbader.org 和我的 YouTube 频道上继续 Python 之旅。

9.1　针对 Python 开发者免费每周提示

你是否在寻找每周更新一次的 Python 开发技巧，以提高工作效率并简化工作流程？好消息是，我为像你这样的 Python 开发人员提供了一个免费的电子邮件订阅服务。

我发送的电子邮件订阅并不是常见的“这里有当前的热门文章列表”形式。相反，我的目标是每周至少以一篇（短篇）随笔的形式分享一个原创思想。

如果想了解这些内容，请访问 dbader.org/newsletter 并在注册表单中输入你的电子邮件地址。我期待着与你交流！

9.2 PythonistaCafe：Python 开发人员的社区

掌握 Python 不单单要通过书籍和课程来学习。要获得成功，还需要一种能长期保持动力并提高自身能力的方式。

很多 Python 高手正在为此而苦苦挣扎，因为完全自学 Python 很枯燥。

如果你是一位自学成才的开发人员，但没有从事技术相关的日常工作，那么很难独自提升。这是因为周围的圈子中没有开发人员，也没有人鼓励或支持你努力进步。

也许你已经是一名开发人员了，但公司的其他人并不像你这样热爱 Python。由于无法与其他人分享自己的学习进度，在停滞不前时也无法得到建议，这会令人非常沮丧。

从我的个人经验来看，现有的在线社区和社会媒体在鼓励支持方面做得也不怎么好。下面列出一些做得比较好的站点，但其各自仍然有很多不足之处。

- Stack Overflow 用于针对特定主题提出一次性（one-off）问题，在平台上很难与其他评论者建立人际关系。一切都围绕着问题本身，和人的交流不多。例如，版主能自由编辑其他人的问题、答案和评论。Stack Overflow 感觉更像是一个维基网站而非论坛。
- Twitter 就像是用来闲谈的地方，非常适合“闲逛”，但每次只能发送几个句子，不利于讨论实质性内容。另外，如果不经常在线就会错过大部分对话，而如果经常在线则会因无休止的打扰和通知而影响工作效率。Slack 讨论组同样如此。
- Hacker News 用于讨论和评论技术新闻，但评论者之间不会建立长期关系。Hacker News 也是当下最“好斗”的技术社区之一，会毫无节制和底线地攻击别人。
- Reddit 覆盖面更广，并鼓励人与人之间的讨论，比 Stack Overflow 的一次性问答形式要好。不过 Reddit 是一个拥有数百万用户的巨大公共论坛，有许多相关问题，如不当行为、傲慢、谩骂、嫉妒……总之，囊括了人们“最好”的那部分行为。

最终我意识到，开发人员难以前进的原因是没有合适的全球化 Python 开发社区。因此我创立了 PythonistaCafe，这是 Python 开发人员的点对点学习社区。

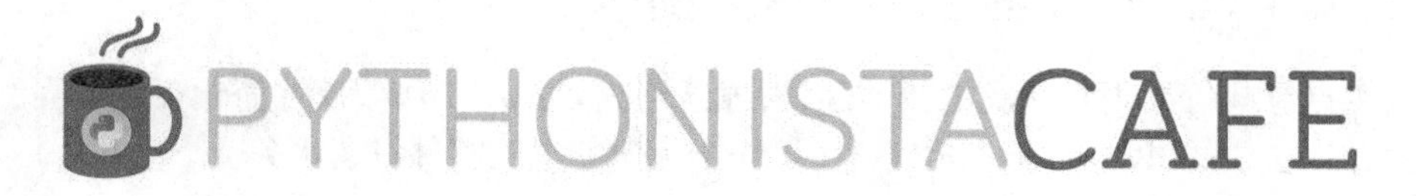

你可以把 PythonistaCafe 看作 Python 爱好者共同进步的俱乐部。

在 PythonistaCafe 中，你能够与来自世界各地的专业开发人员和爱好者交流，在安全的环境中分享经验。这样就可以向他们学习，避免犯同样的错误。

你能够在 PythonistaCafe 中以私密的方式问任何问题，只有活跃的会员才能阅读和撰写评论。由于它是付费社区，其中几乎不存在捣蛋和冒犯的行为。

由于 PythonistaCafe 的会员仅限邀请加入，因此你遇到的人都积极致力于提高自己的 Python 技能。所有打算加入的成员都需要提交申请，这样能确保他们适合该社区。

你会加入一个真正懂你的社区，社区也了解你正在学习的技能和职业，以及想要实现的目标。如果你想提高自己的 Python 技能，但还没有找到合适的支持环境，那么试试 PythonistaCafe 吧。

PythonistaCafe 建立在私人论坛平台上，用户可以提问、获得答案、分享自己的进度。我们的成员遍布世界各地，水平各有千秋。

读者可以在 www.pythonistacafe.com 上了解 PythonistaCafe 和社区价值观等更多内容。

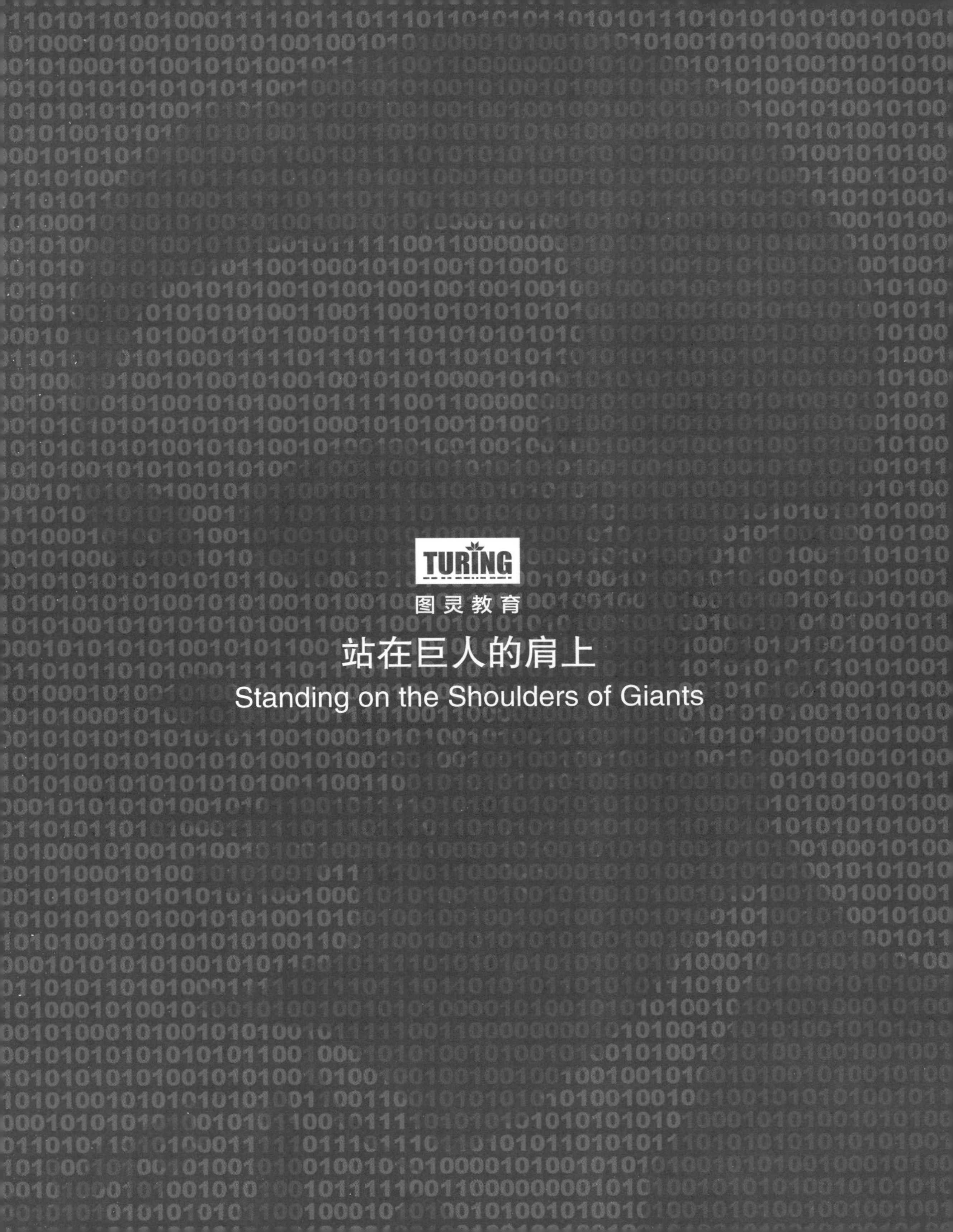
TURING
图灵教育
站在巨人的肩上
Standing on the Shoulders of Giants

TURING

图灵教育

站在巨人的肩上

Standing on the Shoulders of Giants